深思考

MAKING UP YOUR OWN MIND

25堂独立思考课

[美] 爱德华·伯格
(Edward B. Burger) / 著

储勤虎 / 译

中信出版集团 | 北京

图书在版编目（CIP）数据

深思考 /（美）爱德华·伯格著；储勤虎译 . -- 北京：中信出版社，2020.6
书名原文：Making up Your Own Mind
ISBN 978-7-5217-1416-6

Ⅰ.①深… Ⅱ.①爱… ②储… Ⅲ.认知心理学—通俗读物 Ⅳ.①B842.1-49

中国版本图书馆 CIP 数据核字（2020）第 029666 号

Copyright © 2019 by Edward B. Burger
All rights reserved. No part of this book may be reproduced or transmitted in any form or by any means, electronic or mechanical, including photocopying, recording or by any information storage and retrieval system, without permission in writing from the Publisher.
Simplified Chinese translation copyright ©2020 by CITIC Press Corporation
ALL RIGHTS RESERVED
本书仅限中国大陆地区发行销售

深思考

著　　者：[美] 爱德华·伯格
译　　者：储勤虎
出版发行：中信出版集团股份有限公司
　　　　　（北京市朝阳区惠新东街甲 4 号富盛大厦 2 座　邮编　100029）
承 印 者：北京盛通印刷股份有限公司

开　　本：880mm×1230mm　1/32　　印　张：6　　字　数：55 千字
版　　次：2020 年 6 月第 1 版　　　　印　次：2020 年 6 月第 1 次印刷
京权图字：01-2019-6136　　　　　　　广告经营许可证：京朝工商广字第 8087 号
书　　号：ISBN 978-7-5217-1416-6
定　　价：45.00 元

版权所有·侵权必究
如有印刷、装订问题，本公司负责调换。
服务热线：400-600-8099
投稿邮箱：author@citicpub.com

学习之乐
为人生拼图添加一块意义非凡的碎片

本书适合以下人群

人群 1：
认为教育理应使人快乐且能够改变人生，其目的是让每个人更高效地思考，迸发奇思妙想并与生活融会贯通，通过不断地完善能够使我们持续精进的思维方式，从而使人生更有意义。

人群 2：
将自己视为学生，不论正在接受还是已经结束了学校教育。他们笃信换位思考，保持开放心态，审慎求知，通过提升自我来改变世界。

人群 3：
乐于利用烧脑难题进行有效思维训练，在破解本书介绍的那些古怪的逻辑题以及解决生活中更为重要的难题时，这些逻辑题有助于他们萌生新的顿悟和原创解决方案。

本书的灵感来源

本书的灵感源于我长达半个世纪的学校教育之旅。我接受的学校教育始于少年时代,彼时我深受阅读障碍症困扰,然后我一路成长为助教、讲师、学者、教授、作家、利用网上视频进行数学教学的半个名人以及大学校长。如今,在继续挖掘教育发展机遇的同时,我希望能运用过往的这些经历,改善他人的生活。

教育的方方面面都应被看作为了定义我们自身的那块人生拼图添加的一块意义非凡的拼图碎片。教育这样一个富有创意的过程,其目的并非灌输某种观点,而是帮助你成为一个真正独立、睿智的思考者,并且能够让你下定决心去重塑自我。

  本书涉及学习和生活的理念，教育机构改变和挑战教育现状的理念，以及这些理念和我的同事如何激发我的灵感，让我得以开设名为"通过创造性地解题实现有效思考"的特殊课程。本书还能够使读者通过有目的地钻研这些难题实现个人成长。然而，与传统的逻辑题类书籍不同，本书的最终目的并非解决逻辑题，而是通过破解难题这一过程来训练我们的思维方式。

  学习重在积极参与，对于当前正在开展的教育，我们必须自己掌控。因此，要从本书收获更多的回报，就必须有意识地以本书后面介绍的逻辑题作为训练场，来训练有效思维的要素，而这些要素可以在生活中帮助我们应对各种挑战并抓住机遇。

  紧随逻辑题后的两个章节，对逻辑题的答案提示以及通过解题获得的深刻领悟进行了介绍。然而，因为特别期待大家的积极参与，我对这两章采用了不循常规的排版格式，因此需要读者采用不同寻常的方式进行阅读。其中，第六章以上下颠倒的方式，第七章以镜像的方式呈现。这两章以不同寻常的排版方式践行了本书倡导的有效思维理念，但只有当你投入必要的时间和耐心，学习本书推荐的思维方式训练并完成挑战之后，这两章的内容才能发挥最大的效用。

在我的课堂上，我希望你能够凭一己之力经历顿悟瞬间。因此，请不要因为无法破解那些逻辑题或者逻辑题后那两章令人费解的排版方式产生受挫情绪，继而不敢前进……这种排版方式是为激发你的奇思妙想而精心设计的。

因此，如果你决定接受本书的逻辑题挑战，不要将目标放在快速攻克这些经典逻辑题上，然后转而他顾。即使你以前曾碰到过类似的题目，你也应该采用本书提供的思维方式进行有针对性的训练。无论你之前是否碰到过这些逻辑题，都应本着将高效思维训练用于实战之目的，以全新的思路看待这些逻辑题，从而以新奇和更丰富的角度来看待万事万物——陌生也好，熟悉也罢。

换言之，对难题寻根究底，为高效学习和个人发展提供了契机。这正是有效思维教育的理想和终极目标。好好享受下面这些精心安排的脑力训练吧。

目 录

1 学校教育：
重新审视学校教育
重塑大众对教育的定义和认知，使我们获得更大的收益 / 001

2 课程：
一个终身受益的教学计划
20 年之后，有哪些内容是我的学生从课程中学到并使用至今的？ / 011

3 训练：
有效思维训练法
提供能促进有效思考的实用、走心的练习机会 / 017

4 未来：
释放天赋
如何通过重塑自我，
创造未来？　　　　　　　　／ **041**

5 脑力训练：
小题大做
将破解逻辑题作为
锻炼有效思考的训练场　　／ **047**

6 提示：
对问题反复思考、锲而不舍
运用有效思考要素，
激发奇思妙想　　　　　　／ **079**

7 顿悟：
通过解题训练有效思维的几点反思（镜像版）
通过有效思考，
发现全新视角　　　　　　　／ **109**

8 未来已来
未来呼唤我们运用有效思维
解决本书之外的难题　　　　／ **133**

附录一：课程概述　　　　／ **137**
对课程的进一步思考

附录二：顿悟：
通过解题训练有效思维的几点反思
（常规版）　　　　　　　　／ **153**

致谢　　　　　　　　　　　／ **177**

1

学校教育
重新审视学校教育

现今，正规教育（特别是高等教育）的经济意义，尤其是与日益攀升的教育成本和实际存在的教育需求减少相关的话题，被很多人津津乐道。然而，这些甚嚣尘上的讨论都忽略了一个基本问题，即供应。正规教育能为我们带来何种收获？这种收获与投入的时间和金钱相比是否值得？实际上，比较有意思的一点是，我发现"正规教育"一词尚无明确的定义。

正规教育已经成为人们追求一纸文凭（印刷精美的羊皮纸配浮雕印刷拉丁文字的学历证书）的一种范式。该证书和它所代表的学历（如高中、大专、本科以及其他学历）可以帮助我们找到人生第一份工作，并决定我们的起薪。为了获得人生的第一份工作收入，这张羊皮纸必不可少，因此，它已经成为正规教育的"硬通货"。学生要求获得投资回报，学校教职工、行政人员，家长和课程就投其所好。甚至从学生和老师的言谈中，我们也可以发现这样一个基本公理，即我必须搞定这一要求，我需要熬完这门课程。这种言语透露出一个更令人遗憾的真相：正规教育已经沦为一种跨栏训练，在该训练中，我们需要跨越大部分单调乏味的重重栏杆和障碍，以获得第一份工作。

这一现实导致很多人，从具有创新思维的企业家到立法者再到学生，都希望缩短为获取一纸文凭而必须忍受的漫长的折磨。如果文凭是教育的终极目标，那我倒是有一个行之有效的解决方法：在每个新生儿出生时即为其打印并颁发一张文凭，然后任务完成！

然而，影响深远的正规教育应该是一段能令人真正蜕变的体验旅程，因此不能急功近利。这种有针对性的教育经历需要我们投入时间并进行反思，尤其是在心浮气躁的当下，个人电子设备上充斥着各种真假信息，不断扰乱我们的心神。在我看来，文凭和第一份工作并不是一个人接受正规教育的最终目标。相反，实现个人成长的求知之旅才是教育的终极目标。在接受富有成效的正规教育之后，第一份工作并不重要，接受教育这一过程本身才是关键所在。

因此，找到职场起点只是这段让人终身受益的重大历程的一个重要结果。

此外，求知之旅越丰富、越有意义，初次就业的效果就会越理想，未来成功的机会也就越大。我们生活在一个快速淘汰的时代，今天某项固定的技能，到了明天可能就成为明日黄花或变得毫无用处。要确保职业生涯始终前程似锦，最好的办法就是，在追求个人蓬勃发展的过程中保持真我。这需要我们探索多样化的思维格局，从整体审视全局，然后发现自己真正的求知欲和信念。

只要焦点正确并一以贯之，我们就能通过正规教育开启意义深远的探索之旅，在知识与思想的海洋中尽情遨游。这里所说的"焦点"不仅仅是思考某个问题（那只是浅尝辄止），还需要对该问题寻根究底，也就是说，首先要学习和吸收在问题研究过程中产生的思路，然后有意识地实践这些思维方式并将之应用于生活的其他领域，从而通过真正互联的实践过程将各种想法串联在一起。

光坐等良机是不够的，我们还必须主动出击，寻求并抓住各种机遇——这既不简单，也不轻松。高强度的学习通常都不轻松。在追求深度理解的求知之旅中，我们无法替你铺平这条坎坷之路，从而使你的旅程更顺利或有捷径可走。

稳妥可靠又有意义的求知之旅不应该是一份不经大脑、随意列出的待办事项清单，这种清单仅仅意味着可以随意画掉某项内容，然后继续下一项。也不应该是一堆相互隔离的孤岛式主题、事实、数字、理论、算法和方法论，其中大部分内容会很快被遗忘。

真正富有成效的教育，其目标是打破常规，即对一个人如何看待世界及自我的基本假设提出质疑,并在探索世界和探索自我的旅程中获得更深刻的领悟。也许我们上大学的时候,很清楚自己想要成为一名律师,我们需要通过求学之旅推动自己前行,并发现它最终会将我们引向何方——没错,我们最初的计划可能会被打乱,我们也许会成为数学家、大学校长或其他全然不同的身份。实际上,在身心发育成熟之前,就要为今后的发展做出长期规划,这很容易出问题。

我们应终生秉持乐于求知的态度,在求知之旅中找到意想不到的新方向。有影响力、有意义的教育,是为了实现个人蓬勃发展、终身成长,进而改变个人。这种个人转变并非颠覆式的,不是重组DNA,然后变成另外一个人,而是潜移默化的渐进式提高,也许在短期内很难衡量其效果。

当人们对高等教育抱着传统的甚至更低的期望时,美国西南大学巧妙地逆势而为,承诺致力于实现促进有影响力、有意义的正规教育发展的愿景。我们承诺开展探究式主动发现型学习和试验性教育，通过这一史无前例的承诺，我们将继续打造关注学生们精神生活的独具特色的课程。

2017年2月，美国西南大学全体教职员工一致同意开发设计新课标，该课标承诺在每门课程中会专门为学生创造思考的机会，不仅要求他们对教学资料进行思考，还要求他们寻根究底、彰往考来。通过对某个问题深思熟虑，学生们会发现这种超脱问题本身进行思考的方式的效用和妙用。这些不同的思维方式提供了不同的视角，我们可以透过这些视角，以更丰富、更敏锐以及更密切的方式观察世界。

现在，每次上课时，老师都要求学生们将一个领域中的思维方式应用于其他领域，从而拓宽这种思维方式的应用广度，在看似毫不相关的领域之间建立联系。也许，在艺术史课程中为鉴赏艺术作品而反复磨炼所形成的思维，将帮助学生在生物课上利用显微镜观察细胞质膜中可能被忽视的细节。也许，数学课上研究的某种模式,将帮助学生在文学课上发现诗歌中隐藏的结构和细微差别。

建立联系需要反复练习,最初的尝试通常比较保守,多少有些肤浅,但我们绝不能就此放弃。智力发展源自练习和耐心,因此不能急于求成。在美国西南大学,我们把这种不拘泥于课程教材的思维方式以及有意建立联系的独特承诺称为"派迪亚"(Paideia)。古希腊语"Paideia"一词原指通过我们今天的"文科和理科"对社会成员开展的教育。在美国西南大学,它是我们承诺将课程教材嚼烂吃透并将这种思维方式与课程外的各种观点和知识相关联的代名词。这种思维训练所带来的经验教训将影响我们一生,也可以被广泛采纳和应用于各个层次的学习。

今天,在我们的校园里,当学生独立发现被其他人忽视的某种联系时,他们经常会惊呼,"我刚刚体会到了派迪亚时刻!"——这是领悟知识真正的含义、获得更深刻理解的激动人心的一刻。他们独立发现那些可能会被忽视的真相，他们让被忽视的问题大白于天下——这正是独立思考与创新的核心所在。

在每堂课上积极运用上述思维方式，并将思维训练与生活实践相连之后，美国西南大学的学生获得了融会贯通的求知体验，这种体验为他们接下来在各自所处的领域和自己的世界里创造价值并发挥重大作用做好了铺垫。

欢迎你来创造属于自己的顿悟时刻（派迪亚时刻），并始终牢记，对于教育和终身学习而言，最重要的是过程。

2

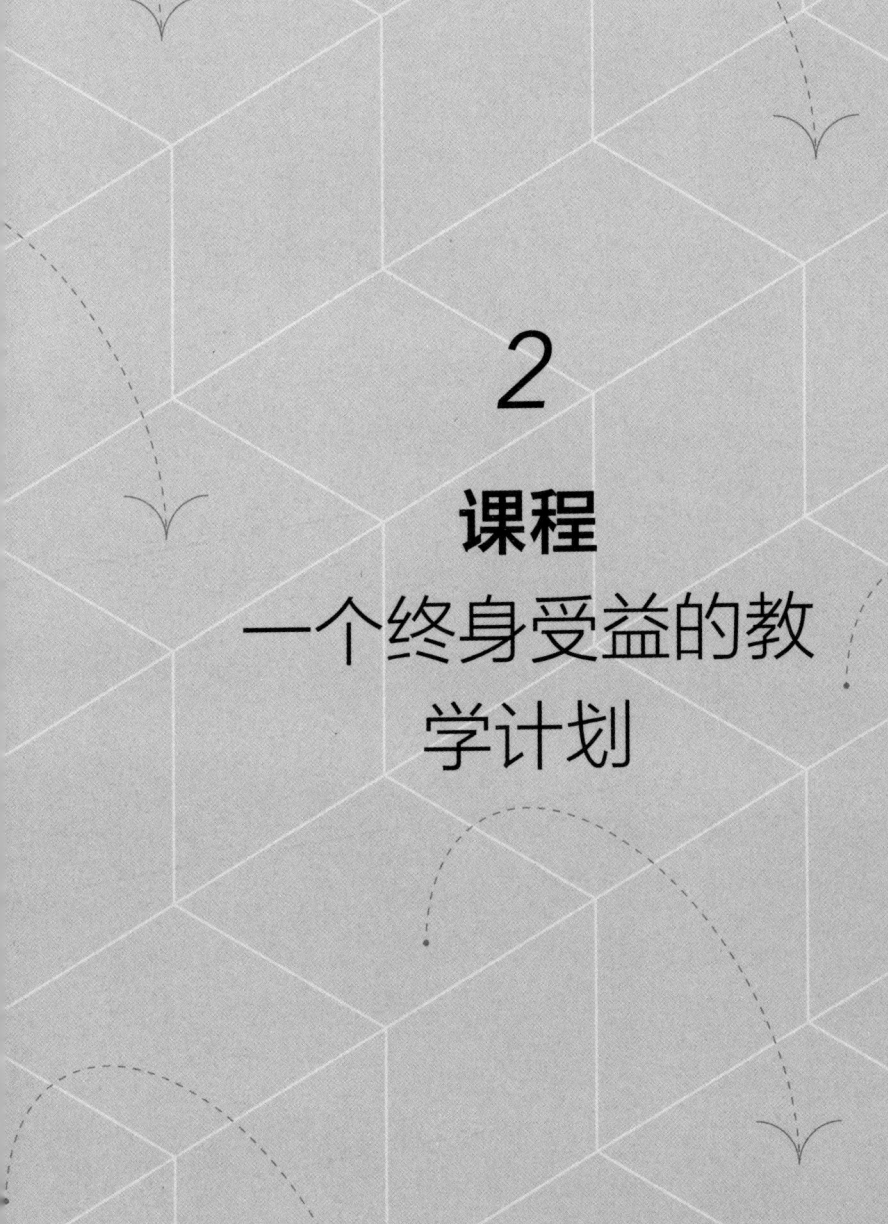

课程
一个终身受益的教学计划

2015年秋，我决定采用美国西南大学独特的"派迪亚"教育理念并持续推行它，于是开创了"逻辑题中的高效思考（Effective Thinking through Creative Puzzle-solving）"这门课程。不过鉴于雇主总是青睐聪明又善于解决问题的人才，并且可能并不把他们所面临的挑战视为逻辑题（尽管这些挑战的确就是逻辑题），所以在成绩单上，这门课被称为"解决问题中的高效思考（Effective Thinking through Creative Problem-solving）"。在现实生活中，我们每天都要面对各种困惑，既包括私人方面的困惑，也包括工作方面的困惑；既有鸡毛蒜皮的小事，也有关乎生死存亡的大事。有些困惑可以归为负面问题，但生活中的难题远比生活中的问题多得多。通过阅读本书，读者有机会亲身体验本课程（附录含有本课程概述的扩充版）。

虽然这是我有史以来教授过的最有深度的一门课程，但我仍将其戏称为"课程版的《宋飞正传》"，因为这门课程和《宋飞正传》一样，没有主题，没有主线，却试图教会学生一切。这门课不是短期授课内容，它有一个长期目标，即回答被我称为"教师的20年之问"的问题：20年之后的今天，有哪些内容是我的学生从当年的课堂中学到并使用至今的？为此，我希望学生们能通过这门课愉快地进行思维训练，从而提高创造力，加强建立联系的能力，提升独立思考能力，并终身受益。

这门课程通过设置一系列逻辑题来锻炼思维方式，每周给出三个题目：一个相对简单，一个稍微难一点儿，还有一个则故意设置得极具挑战性。但是，所有逻辑题都是为了启发思考。这门课程的最终目标并非为了解决所列出的逻辑题，而是希望通过有效思维训练，让学生尽可能多地从不同角度来审视同一个问题。

　　解决逻辑题就像获取文凭——能不能拿到文凭不是关键，获得文凭的过程才是关键；同理，能否解决逻辑题不是关键，通过解题锻炼思考能力，从而推演出充满想象力的洞见或解决方案的过程才是关键。这一过程将提升我们的思维敏捷度，最初我们会以单一的视角来看待世界上的万事万物；而后，经过有效思维训练，当我们再次审视这些事物时，我们将豁然开朗。然而，如果缺乏大量的训练，想要从我们习以为常的追求快速解决问题的思维方式，过渡到沉心静气、深思熟虑并最终寻根究底发现真相的思维方式是极为困难的。而本书中的这些逻辑题则提供了所需的练习机会，能让你更轻松自然地获得这种顿悟。

　　训练是关键。在下一章中你会发现，尽管许多启发有效思维的提示乍一看很简单，但难点在于将其消化吸收以真正为你所用，并将其融入你自己的创新模式和日常思维模式中。希望你在阅读本书以及在人生路上前行的过程中，也乐于接受新的思维模式和分析模式，它们有可能会带你达到新的高度。

现在，欢迎你参加这门独一无二的课程，并享受它带来的智力激发过程。你可以通过课程中的逻辑题和提示，探索各种形式的专注力练习并进行有效思维训练。开展有效思维训练需要个人发挥主观能动性，而非心安理得地袖手旁观，并要求别人来"指导自己"。相反，你必须有意识地去创造机会以挑战自我，直至改变自己。在求知之旅中，学校、老师、教授、导师甚至是这本书，最多只是起辅助作用，你本人才是人生这场冒险之旅的中心人物和主角。

3

训练
有效思维训练法

与更为人熟知的批判性思维相反，有效思维是一个相当新颖的概念。虽然有效思维通常包含了与批判性思维相关联的客观分析，但是也包含更宽泛的思维模式，涵盖创新性、原创性、参与度和换位思考等。另外，"批判"一词暗含"下论断"的意思，通常指消极的论断，而"有效"却没有这层意思。如果我们能建立一个这样的社会——所有人都是有思想的人，每个人都能真正掌握有效思维，而不仅仅是批判性思维——那么我们的世界将会更加美好。

关于建立有效思维的方法，之前在《五维思考法》这本书中已经正式介绍过了。另外，我的其他各类作品也多少有所涉及，包括全国公共广播电台关联组织奥斯汀分校 KUT-FM 广播电台开设的周播节目 *HigherEd*（高等教育）（该节目以播客的形式在网上传播）。

《五维思考法》是帮你了解思维训练细节的最佳参考资料，也是我强烈推荐的一本书，它可以作为本书的扩展读物。

本章概述了有效思维的五大要素及其训练方法，并且通过一个真实故事来说明独立有效思考的效果。前文所述的逻辑题让你有机会开动脑筋，运用有效思维的技巧。我希望，你可以在解决这些小逻辑题的过程中进行有效思维训练，你可以将相同的有效思维方式自然而然地应用于解决日常生活中更大的难题上。

五维思考法的五个维度相互联系，是引领积极学习和持续成长的指路明灯。实现深度理解和促成改变这两者之间的协同，是这五个维度的初衷和最终目的。事实上，为了真正实现这两大目标并且创造启发性的思维方式，我们必须学会有效失败，掌握自我提问的艺术，并且欣赏驰思遐想。这些相互联系的思维模式构成了《五维思考法》的基础。对于接下来的每一道逻辑题,你所面临的挑战就是运用每一个有效思维的维度,直至发现某些隐藏的机会、结构或者模式。到那时,对这个逻辑题,你会有更深的理解,并因此改变对它的看法。理想情况下,这种思路会引领你获得新的顿悟,从而找出问题的解决方案。

为了使接下来的每一步都能激发你的独立思考,你必须专注于这一思维模式,并投入必要的时间来刺激有效思维。这几大要素的首次亮相都"平淡无奇",但一切都是假象,实际上每个要素都有强大的力量,能激发深思考,让思维变得更加敏锐。事实上,没有哪个要素是"简单易用"的,每一个都需经过多次训练——这正是逻辑题的意义所在。反复阅读这几个章节却不采取行动,只会限制你的思考。你必须多次尝试并耐心争取,这不是为了解答逻辑题,而是为了将解题过程中的有效思维训练运用到日常生活中。所以请反复回想这些要素,并以此激励自己对或大或小或严肃或琐碎的各类事情的思考。

深刻理解

　　如果你问别人"你明白了吗",在大多数情况下,你会听到两种回答:是的或没有。这两种回答都不对。理解是一个范围,而不是一个二元命题。并且无论你现在的理解程度如何,你都可以有意识地再加深理解,做到格物致知。这一现实使我们能够对"正规教育"进行精准的定义,它也许是人文精神最大的成就之一,即在心智层面,我们可以始终有意识地深入探索。花时间接受这种思维模式能够让你实现真正的蜕变。

　　无论在哪种情况下,你都应该坚定地告诉自己你并未完全理解这个问题。这种信念会自动让你产生不同的思维模式。如果接受自己的无知,你就有机会发现理解中的偏差。在碰到问题时,通过说出"对于这个问题,我有些地方不太明白。我现在必须研究这些不太明白之处,并努力做到完全明白"这样的陈述性语句,以激励自己开展深思考。有意识地加强理解并以不同的视角审视问题是一项艰巨的挑战。下文介绍了三种实用的方法,帮你激发思维,并启发深思考。

由易而难

以非比寻常的深度理解简单的事情是于纷繁复杂中发现更多细微之处的有效方式,但它往往会被人忽视。在面临严峻挑战时,你可以先从其基本的甚至是无关紧要的方面入手,最好在这一方面你拥有强大的知识积淀。然后,深入探究这些简单的方面,发现问题表面下隐藏的细节和结构。一旦你从简单问题中发现复杂之处,就能更透彻地看待最初的挑战。但是这个建议实行起来有难度。因为你很难不落窠臼,进一步思考已经被你认定的事实,并花时间以不同视角重新审视该问题。我给出的这个建议会逐步取得成效,从基本面入手,锻炼对一个问题的简单方面进行深入探究的耐心,这样,对于深刻理解最初那个多层面问题，你向前迈进了重要且用心的一步。从简单问题入手，然后分解、攻克复杂问题。

关注个例

经常重温特例或个例是获得新领悟的一个策略，新的领悟可延伸用于一般情形。从微观角度研究问题，从而发现宏观现象下隐藏的结构或模式。对于特例，重新定义该案例中发现的任何特殊结构，以揭露原问题中隐藏的普遍原理。只有在这个重塑问题的过程中，你才能获得重要的领悟。

添加形容词

为了更深刻地理解某一问题，你应该主动挑战自我，对问题添加尽可能多的形容词，然后花时间思考每个形容词，从该形容词中得到新的启示。

不要在还没弄懂某个形容词之前，就思考另一个形容词，而是应该坚持思考直到有新发现。通过不断添加描述词，你会发现隐藏的问题或对这一问题的误解，而且如果问题涉及多维视角，你也更能懂得换位思考。

有效失败

尽管失败会让我们面临社会压力并且不被狭隘的社会准则接受，但有效失败是加深理解和发现新知的最重要途径之一。跨越认定"失败很可怕"的文化藩篱，能够让你更容易实现进步。你不一定总是知道如何把事情做对，但你肯定可以总是把事情做错，这样一来，就做到了有效失败——关注失败的尝试，并将这个小小的失误作为走向深刻理解并解决最初问题的巨大飞跃。

再强调一次，这是一个循序渐进的过程。你不需要征服整座大山，相反，你只需要在深思熟虑后迈出一步，然后看看能从中得到何种收获。对于我说的有效失败值得庆祝这一观点，许多人会感到困惑。我们需要明白失败并不是最终目的。更确切地说，有效失败（失误）是重要的，而且经常是必要的过渡步骤。假如你在下棋，那么失败就是你落子的一个方格，你的唯一目的是向另一个方向移动棋子，而如果不走出这失败的一步，你就无法向该方向移动。然而，只有不放弃失误或错误的尝试，直至就当前问题获得新的领悟，之前的失败才称得上是有效失败。自己犯的错误才是最伟大的老师，如果要向这名优秀的老师有效地学习求教，则必须持之以恒，不断试错，直至吸取新的经验教训。

快速失败

别再一味执着于追求完美，而应注重过程。要高高兴兴地快速失败，无论手上有什么任务，快速潦草地完成它。如果是写文章，不要盯着空白的屏幕看，而要让思路恣意驰骋，先完成一份粗陋的草稿。现在，你要应对的不再是空白屏幕，而是未经雕琢的初稿。你要做的是发现其中隐藏的亮点以及你对相关问题存在的模棱两可和表达不清之处。修订和编辑是作者处理初稿的有效方式，因为这些初稿的失败在所难免。所以，应该尽快忘掉首次失利，然后着手对自己的初创作品进行修订、反思并吸取教训。再强调一次，源自首次尝试的顿悟才真正有效。

再次失败

喜剧演员史蒂芬·莱特曾说过："如果你没有一举成功，那么空中跳伞肯定不适合你。"说得太对了，但是不成功本身就相当于一个绝佳的降落伞，可以安全地带你找到新的发现。假设有人向我们提出严峻的挑战，我们采取行动并尝试解决它，但结果却以失败告终，通常，我们会觉得灰心丧气。但是，假设有人在提出挑战的同时提醒我们，要成功地完成这项艰巨的任务，就必须先经历十次失败。那么，有了这条新信息，我们在初次尝试失败后，思维会发生改变。我们会想："已经失败一次了，还有九次。我们已经在进步了。"但是，就像我们常说的那样,只有在犯错后才会进步——你花时间分析失败的原因,由此得到新的启示。所以,欣然接受必须经过十次试错的现实吧。因为可以允许十次失败,所以你可以对犯错持包容态度,并对曾经深信不疑的东西产生怀疑,然后看看这样做的结果会是什么,会出现哪些问题。

故意失败

在每次失败后,通过探究失败的原因,我们能够对所处的情况有更深入的理解。按照这种思维逻辑,如果你想要加深理解,就应当故意失败以获得顿悟或新的视角。因此,我们应考虑到极端情况,并消除一切真正的制约因素,以产生完全不切实际的想法和解决方案。然后,尝试如何将这些想法和解决方案转化或打造成巧妙、可行的解决方案。因此,如果没有最初失败的、不切实际的尝试,就不可能有后来那些可行的解决方案。我们应当准确地定位问题出错点,研究该出错点及围绕该点的相关方面，因为它们可能会给我们带来新的启发。一般而言，你应该先从错误的方法或答案入手，强迫自己深入研究该错误，直至能以全新视角看待该问题的某些方面。

善于提问

深入研究最直接的方法就是提问。即使没有人问过类似的问题，也要勇于提问，因为在人生旅程中，它能够推动我们从被动的旁观者转变为主动的参与者。

采用不断提问的动态思维将有助于我们获得更深刻的理解。你应当要求自己和周围的人接受这种观点。由于你期待每个人都能真正参与进来，所以永远不要问一群人"各位有什么问题要问吗"。相反，你可以给他们一些提示：你们的问题是什么？或者你们希望跟大家分享的问题是什么？以相同方法进行自我提示，不仅能增强你的好奇心，还会带给你新的发现。

苏格拉底式提问

在深刻思考的过程中不断提出元问题，这样做能帮助你从全局中获得新的认识，并推动你聚焦真正的挑战。例如，你可以问自己"真正的问题是什么"，这会打开你的思路，从而使你有可能意识到眼下思考的问题是错的。例如，不要试图解决通勤路上令人抓狂的交通拥堵问题，而是要思考如何让上班路上的时间变得不那么无趣或更高效。多问"如果……"这类问题，能够让你在考虑其他备选方案时，重新调整思路。解放思想，多问一些根本性的问题，以统揽全局。

直击根本

多提一些根本性问题以取得重大突破。甚至考虑"最简单的情况是什么样的"以及"在这种简单的情况下会发生什么"，这些都是对最初棘手的场景进行深入研究的有效方法。

旁敲侧击

无论你是否陷入僵局，对与该问题相关的其他问题进行思考不仅有助于重新理清思路，还能让你以全新的方式重新审视该问题。问问自己"不同却相关的问题是什么"或者"对立的观点是什么"，可以让你从多个角度思考问题，并且能让你产生各种新的顿悟和想法。

看见思想的连续性

当有人冒出新的想法时，周围的人往往会庆祝这一时刻并且说道："鲍勃刚刚有个想法——赶紧准备好气球和蛋糕吧！"尽管我们欢迎借任何理由进行庆祝，但事实上，一个想法的诞生通常只代表一个开端，从来不代表结束。只有当新的顿悟或想法落实之后，真正的创新重任才开始，这时候我们要问一句：接下来要怎么做？通过思考如何将新想法与其他事物相关联，并将其推广应用于更大的或不相关的场景中，我们才算是实现了自己的创造力，并且不仅启发了思想，同时还激发了创新潜能。然而，采用前卫的想法并想象下一步会发生什么，绝非易事。

在我年轻的时候，电话还是从贝尔大妈（美国贝尔电话公司的绰号）租来的，它的外观像一个挂在墙上的盒子，用的是旋转拨号盘。然后出现了按键式电话、砖头式移动电话。如今，智能手机能连接到手表、拨打电话、播放视频、拍照、即时预订餐位。在孩提时，我很好奇《星际迷航》中充满科幻色彩的翻盖式通信器是否会成为现实。今天，当我见证了各种想法与科技蜂拥出现，带我们进入一个可以用手表互相通话的时代，我现在很难想象接下来会发生什么。

然而，对今天的孩子而言，他们知道的唯一的电话就是"智能手机"——他们以此为想象的起点，猜想今天某些科幻作品中的幻想能否在明天变为现实。经历了萌生（甚至考察）新想法的过程后，一个人很难忘掉这段漫长的求知之旅带来的疲惫感，而只关注自己目前已取得的成就，并将其作为向下一站出发的新起点。

在每次蹦出新想法时，尽量使自己像小孩子那样做出充满新奇感的回应："接下来要做什么？我该如何重新构建、扩展，甚至推广或重新应用这一新概念？"然后顺着这个思路继续思考。

全面考虑

只要你有能力，就应当考虑所有的可能性，甚至是明显不可能的情况。对每种情形进行思索，以求寻根究底。在大多数情况下，你的思路可能最终将走入死胡同，但我们可以从失败的尝试中吸取经验，并在探索另一种可能性的同时应用新知识，直至得出最终结论。每当一个问题只有少数几个可能的结果发生时，考虑所有这些结果，并找出大部分结果不会发生的原因。这样做，会发生的结果必然就会水落石出。

勇于质疑

摒弃自身狭隘的思想和观点，让思想畅行无阻，看看会产生哪些新的想法。接纳各种不同的观点有助于发现复杂事物的多面性。实际上，换位思考经常能让你以截然不同的视角看待问题，并为你带来前所未有的思维方式。因此，可以以对立角度或其他情形为切入点，慎思明辨违反常理或直觉的观点。要从各种角度思考问题。如果是政治问题或社会问题，切勿将同理心与同情心混为一谈。当另一方提出某个观点时，你可以在不必同情这一方的情况下支持该观点，这就是二者的区别。善于质疑，并将其作为一大优势。想一想"如果我错了，怎么办"，然后思考这种假设引发的合理结果。切记，怀疑的对立面不是肯定，而是保守。因此，我们应始终保持思想的开放。

不断思考

与有效思维的全部要素一样，要让我们的思想自由驰骋，需要坚持和毅力才能到达彼岸。不要轻易放弃某个想法，直到我们获得一个新的意想不到的思路或者对某件毫不相干的事情产生顿悟。每一个新的想法都是一个开始，而非结束。因此，永远不要停下思考的脚步。

接纳改变

仅凭上述建议就想熟练运用有效思维的五大要素绝非易事。只有时间才能让这些思维习惯转变成自然的行动。这种转变抓住了教育和思考的精髓——改变。透过有效思维的不同视角，我们会对各种观念、自然、人际关系以及我们自身产生不同的看法。有意义的教育建立在我们真正有能力做出改变这一现实的基础之上——这种改变并非让我们变成另外一个人，而是随着时间的推移，我们逐步变得更好。

改变通常会令人心生恐惧，而且有时候会对我们构成生存威胁。本书鼓励的是一种持续的、渐进的、进化式的改变，而非突然或颠覆性的改变。循序渐进的小小改变能够转变我们对世界的看法以及我们与世界互动的方式，但是这种转变的益处将随着时间的推移慢慢显现，我们虽然不能操之过急，但可以培养这种转变思维。事实上，任何生物健康、自然的状态就是处于持续变化的状态。我们应该不断改变，我们的教育应该促进我们的思维支持这一动态思维方式——这种思维方式能鼓励我们产生富有创意和智慧的想法，并对学习、成长和改变持开放包容的态度——从而获得更深刻的理解和新发现。

因此，当你有意识地破解后文列举的逻辑题时，应通过有效思维训练，意识到这些逻辑题本身是如何变化的：你第一眼看到这些题目时的想法将与你试图深入了解它们而再次审题时的看法不同。本书的最终目的是改变你看待逻辑题的方式，不仅仅是本书所列的逻辑题，还包括你生活中出现的难题。

这些启迪性的提示比较抽象，除非有具体的情境，你才可以亲自应用这些提示。我提到的逻辑题给出的情境具有挑战性，可用于训练这些思维模式。为了说明五维思考法的效果以及各个年龄段的人们如何拥有激发自身有效思维的天赋，我以一个励志的真实故事为本章画上句号。

谢默斯的数学题

有一年7月底，我在马萨诸塞州拜访朋友时，我朋友的儿子谢默斯刚从三年级毕业，当时他问我是否能帮他完成令人讨厌的暑期数学作业。其中一道题目引起了我的注意。

你有36个甜甜圈，你希望将它们排成两行，每行数量相同。请问每行有几个甜甜圈？

对你我而言，这个题目相当于在问36的一半是多少。但是对于三年级的谢默斯来说，问题成了"哪个数字与自身相加等于36"。谢默斯是个非常聪明的学生，我问他是否能理解这道题，他说"是的"，然后拿起一支铅笔，把它放到纸上。时间一分一秒地过去了，什么也没发生——他迟迟未动笔。他皱着眉头，好像在尝试"更用力地思考"。从某种意义上讲，他遇到了"思考便秘"：用力，再用力，但仍然毫无头绪。

正如这些有效思维的要素所示，更好地思考不一定意味着更用力地思考——相反，我们思考时必须不落窠臼。所以，我让谢默斯先停下来，无论他正在想什么，于是他瞬间就从愁眉不展恢复到平时开心的表情。然后，我开始引导他："谢默斯，当我说'开始'时，我希望你能立刻告诉我一个你认为肯定是错误的答案。"他疑惑地看着我。我问道："你准备好了吗？"他说："我想……"我说"开始"，然后他马上脱口而出"16"！

当然，16显然是个错误的猜想。数字36以6结尾，

16也一样——这是一个很好的数字模式，谢默斯在寻找36的一半，而16至少比36小（如果他回答"116"，那我就该发愁了）——所以他已经有了小小的进步。我没有把自己的这些想法告诉谢默斯，而是紧接着对他说："很棒。告诉我为什么你的答案是错的。"现在，谢默斯可以做些实实在在的事情：他可以对他的猜想做出反应。他认真并正确地把16和16相加，发现结果是32。他看了一会儿答案，然后喊道："噢，这个数太小了……答案肯定是18！"他答对了。

请注意一点，当谢默斯极力追求完美时，他几乎精神紧张地僵在那里。但是，当他被允许关注过程，被允许犯错时，他很快成功地找到了正确答案。审视我在这个真实故事中的角色，也同样具有启发意义。在这一过程中，我给出了以下两个提示。

立刻告诉我一个你认为肯定是错误的答案。
很棒。告诉我为什么你的答案是错的。

我没有教他任何算术方法。如果他能利用上面两个通用的提示去主动寻找错误的答案，有效地失败，然后顺着失败的思路去探索，他就能自行获得灵感以及更深刻的理解，并最终独立找到正确答案。因此，事实上，他甚至不需要我的帮助。如此一来，他就能从困惑、发呆的状态中解放出来，进而恍然大悟并找到答案。也就是说，改变于他而言是与生俱来的能力，对你来说也是一样。

4

未来
释放天赋

纵观高等教育的发展历程,我们发现,有些教育工作者希望自己的学生能够解决世界上无穷无尽的难题,并消除种种不公正现象。他们将社会现状描绘得凄凉惨淡,令人心灰意冷、不堪其忧。这些老师常常意志消沉,所以他们的学生很快就被这种情绪感染而变得精疲力竭、心烦意乱、不知所措且效率低下。出于善意,这些教育工作者教导学生将关注点仅放在发现问题上,继而训练他们要以问题为中心。

每天早上醒来,我既想改变世界,又想好好享受。有时这使我很难去制订一天的计划。

——E. B. 怀特

每个人在实现为自己设定的任何目标时（包括为当今时代存在的种种现实问题找到创新解决方案），都应当被鼓励去把握机遇、追求高效。

然而，要做到高效，最好先通过充满挑战且愉悦的求知经历来提升自我。这种经历能赋予个体改善整个世界的力量。我们要先让自己变得更好，然后才能让整个世界变得更好。

然而，有时我们并不能很准确地评判自己，因为我们常常太过保守，不能坚持挑战自我以实现更高的目标。如果用马赛克来形容我们自己的话，我们都相当于是由激励和教导过我们的人（如家人、朋友、老师、导师，甚至是陌生人）组成的马赛克拼图。我们在形成思维和塑造自我的过程中，不断地将单个的马赛克碎片拼凑在一起。由于无法看到自身的潜力或未来的状况，我们很难实现彻底的改变。而这种不确定性正是挑战所在：要在未掌握精确信息的情况下，让有效思维引领我们逐步前行。这条道路曲折而周密，对我们的情感、生理、创造力和智力都将产生深远影响。

本书开启了一扇窗，让你可以了解我设计的"宋飞正传风格"的课程（"宋飞正传风格"一词来自美剧《宋飞正传》，英文名为 Seinfeld，这部情景喜剧最大的特点是 "A Show about NOTHING"，没有主题，没有主线。每集故事自成一体，主要情节是四位主要人物的日常生活、工作、异性关系等等，笑料也铺设其中）。我希望你喜欢这扇窗，也希望下文的逻辑题能够吸引你去探索，擦出自己的思想火花。你不妨打造一个小时空，让思绪平静下来，安排一段属于自己的静谧时光，远离一切陪伴者和电子产品的纷扰，安静地思考自己当下的想法和情绪，练习有效思维中的沉思艺术。刻意保持思绪宁静，不仅能唤醒我们每个人内心深处的同理心，还将令我们再次体验更大的喜悦——一种人人都希望获得的喜悦之情。

要形成这种思维模式，需要我们充分提高智力上的自信，相信我们天生具备思考、创造和建立联系的能力，还要坚信我们可以采取切实可行的步骤来让自己变得越来越优秀。对未来的积极态度让我们能够获得人生中的一大乐趣：成为一个不断发展、不断成长、不断学习和不断进步的人，能够把握机遇，始终追寻新的、更美好的朝阳，同时还能欣赏预示着下一个明天的令人惊叹的美丽落日。

5

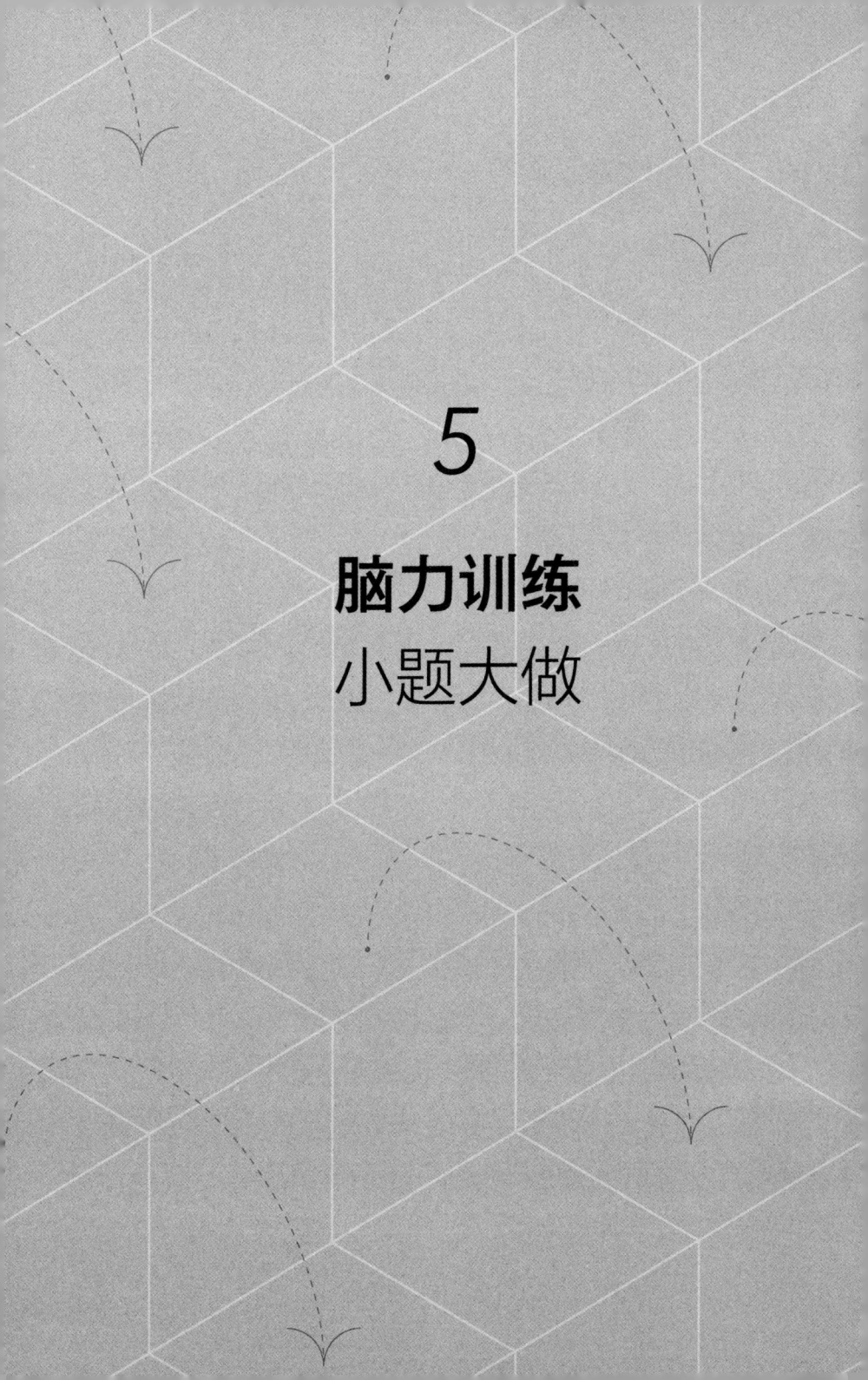

脑力训练
小题大做

对于每一道逻辑题，你面临的挑战是运用五维思考法，从尽可能多的不同角度看待题目。你可以反复阅读第三章，这有助于转换思维模式。成功不在于解决这些逻辑题，而是通过解题训练有效思维，并将相同的思维模式用于其他方面。即使你曾见过某道题目或记得解题方法，仍要花时间采用有效思维模式，尝试以全新的角度看待该题目，这样也许可以创造新的解题方法。

面对任何题目，如果你想进一步打开思路，我建议你在脑海中仔细思考这些题目，并且认真品味本书，尤其是第六章。在第六章，你会发现针对每道题目的具体启发步骤。在处理当前和未来的难题时，有效思维会给我们带来什么样的结果，本书在第七章做了进一步的反思。然而，为了使效果最大化，你应该在投入大量的时间和精力进行自我反思之后，再来看第七章讲述的反思内容，无论你是否已经解决了这些题目。在解题后，建议你读一下第六章和第七章的相关内容，将自己的解题过程与另外一种可能的解题思路进行对比。

切记，挫折是真正学习与成长过程中健康有益且必不可少的一部分。因此，我希望你能将阅读第七章作为一个难题来攻克，同时将其视作一种暗喻，即当我们换一个角度来看问题时，会发现原有的问题（甚至是措辞）看上去与自己之前所理解的大相径庭。但即使你决定跳过第七章去了解本书更多不同寻常的内容，我也希望你能读一下第八章"未来已来"的总结性内容，以此来结束本书的学习之旅。

对于只求能在班上拿A的读者，我要提醒你们，本书提供的解决方法，即正规教育中的文凭，并非关键，关键在于旅程本身——创造的过程。就像音乐家通过练习音阶来锻炼技能，直到用乐器演奏出真正的音乐。我鼓励你利用这些古怪的逻辑题训练有效思维，直至能将这些思维方式自如地应用于解决生活中更大的难题。所以，不要解完一道题就急于去做下一题，而是花时间把每个题目彻底弄懂，根据思考的结果，感受灵光乍现的一刻。通过这些难题进行有效思考将使你的思维引吭高歌、展翅高飞。

最后，如果你在转到下一题之前对当前这道题目进行过透彻的思考，那么不妨再花时间想一下：我刚才运用了哪些有效思维方式？激发出哪些新的领悟或想法？现在我如何以另外一个角度审视这道题目？然后，将这些经验教训和实践方法用于其他领域。

请享受挑战有效思维的乐趣。

挑战 1
通过以下题目训练有效思维

真假难辨

一天下午,在大学校园里,两名学生正在交谈,他们一个是数学专业,另一个是哲学专业。

"我是数学专业的。"黑头发的学生说道。

"我是哲学专业的。"红头发的学生说道。

假设这两名学生中至少有一人在撒谎,那么数学专业的学生的头发是什么颜色的?

当 6 等于 8

画出 6 条等长的直线线段,构成 8 个等边三角形(等边三角形是指三角形的三条边长度全部相等,这也意味着它的每个角是 60 度)。

注意：这道题目有多个解题方法，应采用不同的有效思维方法，尽量实现一题多解。

挖空棋盘

假设你有一个标准的 8×8 规格的棋盘和一大堆多米诺骨牌。每块骨牌能刚好覆盖棋盘上的 2 个方格（见下图最左侧的棋盘）。作为热身，先来假设我们可以用多米诺骨牌完全覆盖这个标准棋盘，这样每块骨牌刚好覆盖 2 个方格且骨牌之间不会互相重叠。现在假设如下图中间的棋盘所示，切除棋盘中的 2 个方格。你的第一个问题是，判断是否能用不重叠的骨牌覆盖这个不完整的棋盘，从而再次使每块骨牌刚好覆盖 2 个方格。

最后你面临的挑战是，面对下图所示切除了部分方格的棋盘时，再次考虑如上相同的问题，并且阐述你的答案。

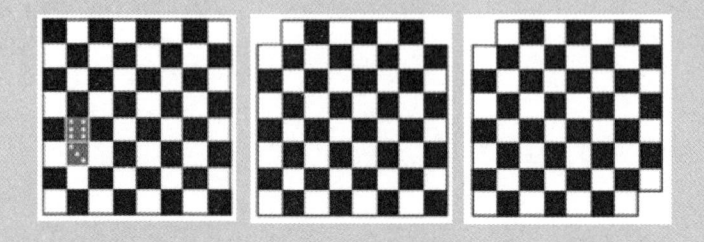

在棋盘上正确放置 1 块多米诺骨牌

切掉顶部 2 个边角方格的棋盘

切掉 2 个其他方格的棋盘

挑战 2

通过以下题目训练有效思维

两间房、三个开关和一盏灯

在一栋特殊的建筑里，有两个没有窗户的房间，一条蜿蜒的长廊将这两间房相连。长廊过于蜿蜒，导致在一间房中完全无法看到另一间房。第一个房间的墙上有三个一模一样的电灯开关，全部处于关闭状态——其中两个没有任何作用，第三个是一盏老式台灯的开关，这盏台灯放在第二个房间的桌子上。我们需要在这条走廊最少往返几趟才能确定哪个开关控制着另一间房里的这盏灯？

移动两根火柴，使正方形数量从 5 个变为 4 个

在下图中，你会看到 5 个 1×1 规格的正方形，每个正方形的每条边都由一根火柴组成。通过移动其中 2 根火柴（不能折

断或拿走任何火柴），将 1×1 规格的正方形个数从 5 个变为 4 个。注意，每个正方形的边长限于一根火柴的长度，即不允许出现未封口或摆放歪斜的情况。另外，不允许将一根火柴放在另一根火柴上。

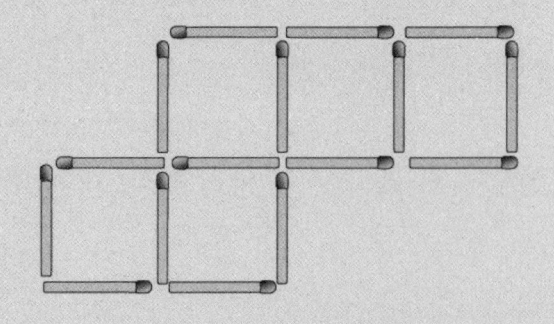

缓慢燃烧

给你两根线，长度不一定相同，并且已知每根线完全燃尽刚好需要 1 个小时，但是燃烧速度不均匀（燃烧长度的一半不一定需要 30 分钟）。只有这两根线和几根火柴，没有任何计时装置，你是否能精确计算出 45 分钟的时长？请对你的答案做出解释。

挑战 3

通过以下题目训练有效思维

前十名名单

根据以下 10 项描述，判断每项描述的真假。

本列表中有 1 项描述是假的。

本列表中有 2 项描述是假的。

本列表中有 3 项描述是假的。

本列表中有 4 项描述是假的。

本列表中有 5 项描述是假的。

本列表中有 6 项描述是假的。

本列表中有 7 项描述是假的。

本列表中有 8 项描述是假的。

本列表中有 9 项描述是假的。

本列表中有 10 项描述是假的。

5个人，4顶帽子

四名关注有效思考的天资聪慧的学生（A：艾丽西娅，B：布莱斯，C：卡罗尔和D：达文）自愿参与破解一道发人深省的难题。他们都同意把自己埋在一个巨大的"海洋球池"（池子里满是五彩缤纷的空心塑料球）里，只露出下巴以上的部位。这些学生排成一条直线，全程保持安静，且只能朝前看。他们全部面向一个巨大且不能透视也不能反光的屏幕，屏幕两面显示激励语"不断有效思考"。屏幕将一名学生与其他学生隔开（如下图所示）。学生们排成一队，并且所有人都面向屏幕——他们无法透视该屏幕——但他们知道每名同学所在的位置。如图所示，负责这道题目的人为每名学生戴上一顶帽子，共有2顶黑色帽子和2顶金色帽子，学生们知道这一事实，但不清楚自己所戴帽子的颜色。如果四人中任何一人正确说出自己头上帽子的颜色，他/她将获得100美元的奖励；否则，作为惩罚，每人的学费将增加1000美元。四人不允许相互交谈，有10分钟的判断时间。让我们概括一下，A和B只能看见"不断有效思考"的标识，C只能看见B，而D能看见B和C。一分钟后，其中一人说出了自己帽子的颜色。是哪名学生说出了帽子的颜色？为什么他/她对自己的答案十分自信？

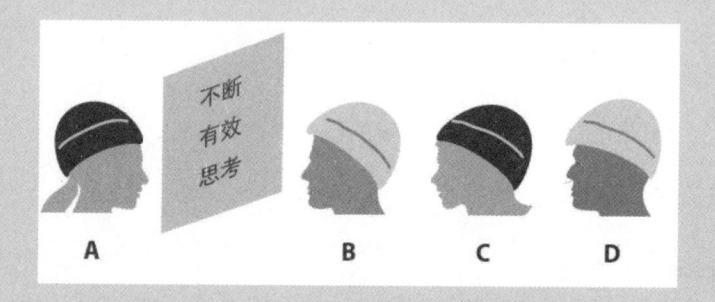

室友握手次数

"嗨!我叫拉夫尔,我跟室友里奇住在豪华的男生宿舍——拉特学生宿舍。一个周六,我们决定在自己的宿舍举办一场热闹的聚会,我们邀请了同一楼层的其他4对室友。到达聚会现场时,大家纷纷握手。显然,没人会跟自己握手,也没人会跟自己的室友握手。另外,没人会跟同一个人握手超过一次。握手结束后,我问屋子里其他9个哥们儿他们每个人的握手次数。令我吃惊的是,每个人的答案都不同!请问里奇的握手次数是多少?

挑战 4

通过以下题目训练有效思维

狂风骤雨

去年春天,倾盆大雨来袭,让这个春意盎然的大学,也是主要的学术中心变得更加苍翠繁茂、美不胜收。在一个湿漉漉的春日,天公不作美,午夜时分电闪雷鸣,大雨滂沱。考虑到那年春天的暴风雨天气模式,在这次雷雨开始72小时后,校园是否有可能变得空气澄澈、阳光普照?

用12根火柴,摆出一个面积为4的多边形

多边形是指用直线画出的任意几何形状,从而使这些直线互不交叉;每条直线的末端与另一条直线的末端刚好相接;构成的形状既有一个内部区域,同时还有一个单独的外部区域。用12根火柴可以摆出很多种多边形。以下列举两例。

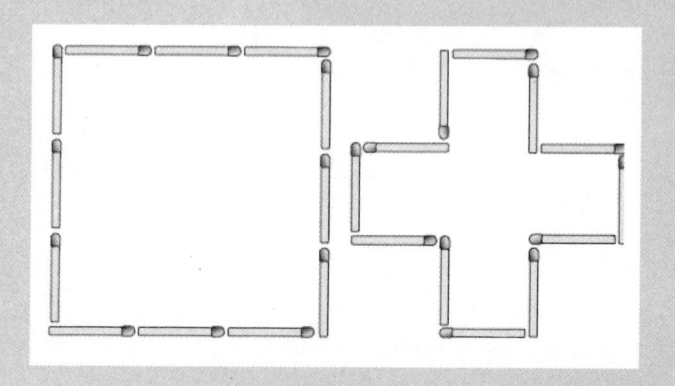

注意，这两个多边形的周长都等于12根火柴，第一个多边形（其实就是个正方形）的面积等于9（火柴数^2），而第二个多边形的面积为5（火柴数^2）。你能利用这些火柴摆出一个周长等于12根火柴、面积为4（火柴数^2）的多边形吗？

折叠地图

很久很久以前，在GPS（全球定位系统）和谷歌地图问世之前，人们使用的是纸质地图。这种老式地图存在两大缺陷：第一，没有冷静的语音播报导航提示信息（"重新规划路径……"）；第二，在用完地图后，你必须把地图叠起来——

要想把地图按最初的模样叠起来,并非易事。请看下面这张校园地图,只有地图正面标有数字。你需要沿着给出的直线折叠该地图(只能沿数字周围的正方形的边进行折叠),使标有数字"1"的正方形面朝上,在地图最上方,其他正方形直接位于这个正方形的正下方(这样可以将地图多层次地叠成一个正方形)。你的挑战是:按照数字顺序,从 1 到 8 折叠该地图(标有数字"1"的正方形将与标有数字"2"的正方形相接,而标有数字"2"的正方形直接位于标有数字"3"的正方形的正上方,以此类推,让标有数字"1"的正方形面朝上,位于地图最上方)。当然,你不能以任何方式裁剪该地图。

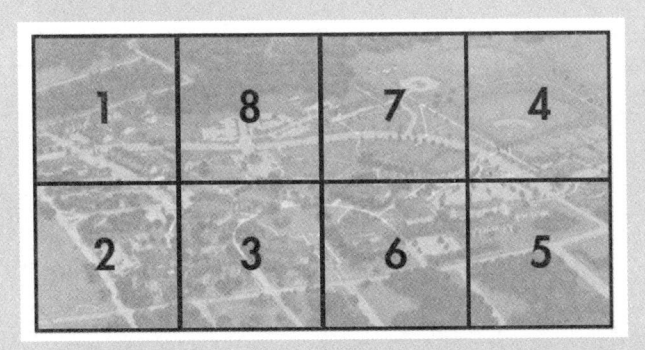

附加题

如果你按以上要求成功折叠地图，可以进一步尝试按以下顺序折叠下图所示地图。以与之前相同的顺序折叠，即只能沿水平线或垂直线，按照数字顺序将地图折叠为一摞8个正方形，让最上方、面朝上的正方形显示为数字"1"。同样，无论如何都不允许裁剪地图！

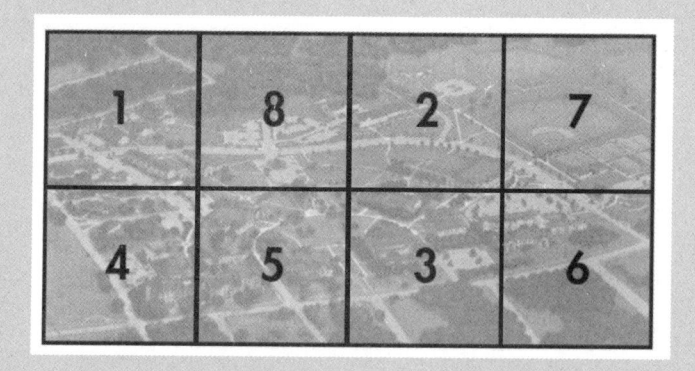

挑战 5

通过以下难题训练高效思维

找出错误陈述

在本题以下的几项陈述中,存在 4 处错误。你能找出来吗?

$$2+2=4$$
$$4 \div \frac{1}{2} = 2$$
$$3\frac{1}{3} \times 3\frac{1}{8} = 10$$
$$7-(-4)=11$$
$$-10(6-6)=-10$$

两秤称九石

在你面前有 9 块外观一样的石头,并且你被告知,有一个心思缜密的海盗将一块价值不菲的宝石嵌入了其中一块石头。这块镶嵌有宝石的石头比其他 8 块石头（重量全部相同）稍重，（但对你而言）几乎微不可察。你手上有两杆价格特别便宜的秤，每一杆使用一次后便会断裂，无法再用。仅利用这两杆秤，你能否确定哪块石头藏着海盗宝藏的秘密？

新星诞生

用 5 条直线画出的标准五角星有 5 个不相交的三角形（任何三角形的内部都不含有其他三角形或与其他三角形相交）。画两条直线，使其穿过一个五角星，最终形成的图形含有 10 个不相交的三角形。你可以用以下两个五角星进行前两次尝试。

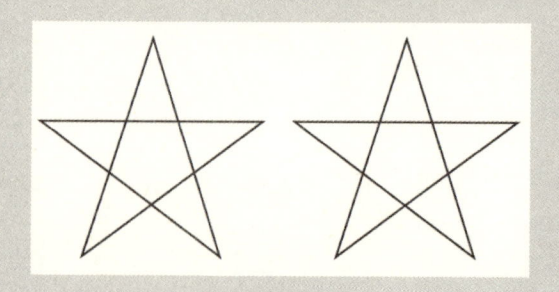

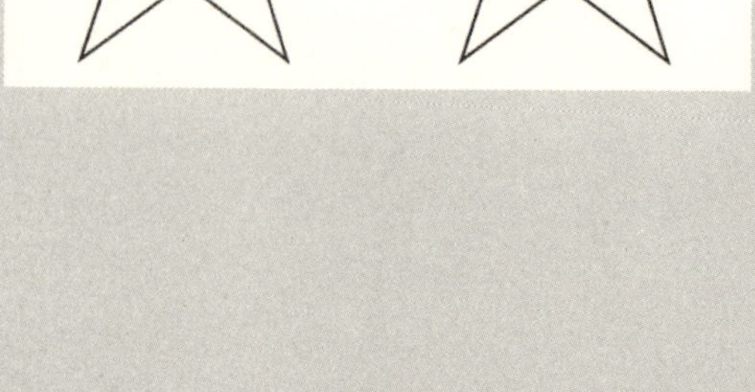

挑战 6

通过以下题目训练有效思维

真伪难辨的政客

在某次大会上,有 100 名政客在互相争吵、辩论和咆哮,并召开非公开会议。每个人不是表里如一,就是口是心非,我们现在知道另外两个事实。

事实 1:这些政客中至少有一名表里如一。

事实 2:任意两名政客中,至少有一人口是心非。

根据这些信息,你能否确定有多少政客口是心非?如果能确定,那么数量是多少?如果不能确定,请回答为什么不能确定?

解放 10 美分硬币

在下图中，你能看到由 4 根火柴摆出的一个"鸡尾酒杯"，杯中放着一枚 10 美分硬币。你的挑战是只移动其中两根火柴，重新摆出一个鸡尾酒杯，使这枚硬币不再位于杯中。当然，不允许碰触或移动该硬币。如果移动火柴，使杯子上下颠倒，但硬币仍在杯中，则不算解开这道题。也就是说，你不能投机取巧，认为硬币会从新摆出的杯口朝下的杯子中自己掉出来。硬币不会因为你寄希望于重力作用而自然掉落。

蒙眼翻硬币

桌子上散落着若干硬币。它们要么正面朝上，要么反面朝上（见下图）。不幸的是，你被蒙住了眼睛，看不到任何硬币。你可以在桌面上摸索，算出硬币的总数，但却无法判断每个硬币是正面朝上还是反面朝上（也许你正戴着蓬松的手套）。你已知的事实是（除了桌上的硬币总数，这点你可以自行判断）：正面朝上的硬币数量。你的挑战是，在仍然被蒙住双眼的情况下，用你希望的任何方式移动硬币或将其中任一硬币翻转（只要最后所有的硬币要么正面朝上，要么反面朝上），完成之后，将这些硬币分成两堆，使这两堆硬币中正面朝上的硬币数量相同。

挑战 7
通过以下题目训练有效思维

宠物难题

10只宠物总共要喂56块饼干。每只宠物要么是狗，要么是猫。每只猫要喂5块饼干，每只狗要喂6块饼干，必须有多少只狗？利用五维思考法来破解这道难题，而不是依靠纯粹的代数学方法。

农夫过河

农夫弗朗西斯需要将一只兔子、一只狐狸和一捆胡萝卜从河的一边运到对岸。他有一只小木筏，每趟只能运送他自己和另外一名乘客（兔子、狐狸、胡萝卜三者之一）。问题是，如果弗朗西斯离开，兔子会吃掉胡萝卜，狐狸会吃掉兔子。假设将兔子和狐狸分别留在河的一边且它们不会跑掉，农夫能否将它们全部安全地运到河对岸？

分配弹珠，使获胜率超过 50%

你面前有两个一模一样的碗和 100 颗弹珠（50 颗为黑色，50 颗为金色），所有弹珠的大小和重量全部一样。现在请你将这 100 颗弹珠放到这两个碗里，你可以随意分配，只要保证每颗弹珠都在碗里。分别摇晃两个碗，使弹珠完全混合。然后蒙上双眼，把两个碗随机摆放到你面前。在戴眼罩时，你要选择一个碗，并从该碗中拿走一颗弹珠。如果这颗弹珠是黑色的，你就赢了；如果是金色的，你就输了。现在你已经清楚这个游戏的全部规则，你会如何将这 100 颗弹珠分配到两个碗中，从而使获胜率超过 50%？

挑战 8
通过以下题目训练有效思维

亏数

我们知道，以下任意一个数字：0，1，2，3，4，5，6，7，8，9，排列组合后会形成一个自然数，例如：16，28，663。现在假设从1到1000的一千个数字中，哪个数字出现的频率最低？为什么？哪个数字出现的频率又是最高的呢？

白费力气

U-Turn大学的口号是"U-Turn助你实现华丽转身"，学校欢迎每个人"穿过"校园正门的收费亭，并且对所有学生都一视同仁，无论他们是否有车。对所有学生而言，这是一种快节奏的生活，紧张而刺激，这种状况一直持续，直到大学教务长波特霍尔（Provost Pothole）公布在计算和比较应届毕业生与上一届毕业生（每届毕业生都有1000名）的平均分时的一个发现才打破这个节奏。他发现，所有有车的应届毕业生的平均分高于所有有车的上一届毕业生的平均分；所有无车的应届毕业生的平均分也高于所有无车的上一届毕业生的平均分。看起来似乎今年的毕业生都聪明绝顶。可问题在于，事实上今年整个毕业班的平均分低于去年整个毕业班的平均分。这种情况有可能吗？或者是教务长波特霍尔在计算时弄错了？（注意，这里的"平均"是指"平均值"。）

用三根火柴将正方形均分为二

假设你有 11 根长度全部相等的木制火柴，用 8 根火柴摆出一个正方形，使其每条边都等于 2 根火柴的长度。你能否将剩余的 3 根火柴首尾相连，让其中 2 根火柴的外端与正方形相连，将这个 2×2 的正方形分为两个面积相等的部分？我们把难度再提升一点儿，如果可能的话，你能否找到方法将该正方形分成两半，让首尾相连的 3 根火柴的两端与正方形的角相连。或者，你能否解释为什么这种分割方法不可能实现？

极具挑战性的附加题

通过以下题目训练有效思维

疯狂、可恶的首席执行官

你有一份真心喜爱的工作，并且对同事和薪水都非常满意。但是，有一天，公司的首席执行官召集你们部门全体人员开会。他宣布明天将发生重大人事变动，并解释了明天会发生什么。他会让你和你的同事一个接一个地站好，笔直排成一列。然后，为每个人戴上一顶红色或绿色的高帽子。你和同事都能看到排在你们前面的人所戴帽子的颜色，但是无法看到自己和身后同事的帽子的颜色。

所有人戴上帽子之后，会得到一个遥控器，上面有两个按钮，一个红色，另一个绿色。首席执行官将走向排在队尾的那个人（他/她能看到所有其他同事的帽子颜色），并询问："你的帽子是什么颜色的？"然后，那个人按下代表帽子颜色的按钮，音响系统将语音播报出那个人的答案：红色或绿色。接着，首席执行官将大声说出"答对了，回去工作吧"或者"答错了，你被解雇了"。随后，首席执行官将走向下一个人（站在刚刚那个同事前面的那个人），继续之前的流程，直到所有员工依次回答完毕，并知道答案。每个人都能听到音响系统公布的个人答案以及首席执行官的反馈。

在了解了明天即将发生什么事之后，你和同事在下班后聚在一起讨论，准备制订应对之策，争取将被解雇的人数降到最低。你需要制订一种方案，让尽可能多的同事保住工作。你能确保多少人不会丢掉工作？注意，不允许"作弊"。也就是说，不能通过语言提示、计时或打手势等方式传递信息。

接下来的两章采用了不循常规的排版格式
因此需要读者采用不同寻常的方式进行阅读

第六章以上下颠倒的方式呈现
第七章以镜像的方式呈现

这两章的排版方式践行了本书倡导的有效思维理念
但只有当你投入必要的时间和耐心
学习本书推荐的思维方式训练并完成挑战之后
这两章的内容才能发挥最大的效用

请不要因为这两章的排版方式产生受挫情绪，继而不敢前进
这种排版方式是为激发你的奇思妙想而精心设计的

（考虑到第七章镜像方式的排版可能对读者造成不便，希望
直接阅读常规文字的读者，请参见附录二）

谐音

对问题的追问、解决与不足

6

本章的提示是通过有效思维训练培养的思考方法，其中许多领悟来自参加"通过创造性地解题实现有效思维"课程的学生或者出席我主讲的关于领导力、创造力或教学等主题的研习班的参与者。理想情况下，面对生活中出现的所有困难，这些提示本身也可用作解决问题的思路。因此，下次你在反复思考某个棘手问题时，希望你能翻阅一下这本书，看一下这些提示，将部分有效的思考方法应用于解决当前的问题上，从而获得独到的领悟。

你会发现部分元素会在这些提示中反复出现。从某种意义上来说，作曲家能够创作出的主题变奏曲数量只会受到该艺术家本人想象力的限制。同样，有效思维的五项要素也存在无穷的变化。因此，应将思维反刍视为进一步加强理解，而非简单的重复。

最后，你会发现这些提示都未要求你对当前问题或其上下文有任何独特的领悟或理解。破解之法在于有意识地采用有效思维方式，并耐心地让这种思维方式引领你的思路。就像第三章中提到的谢默斯，仅仅通过那些训练，就能激发新想法，获得更深刻的理解，创造更大的价值。

真假难辨

要深入了解简单的事物，切勿忽视细节或事实。只要有能力，应将一切可能性考虑在内，并根据每种可能性得出合乎逻辑的结论，然后沿着这种思路思考。如果遇到死胡同，找出这种方法为何实际上并不现实的原因。一旦你这样做了，就做到了有效失败——因为你已经取得了进步。现在考虑另一种可能性，然后重复上述步骤。

就本题而言，应首先分析"这两名学生中至少有一人在撒谎"这句话的含义，但更重要的是，要在破解本题之外，训练这种有效思维模式。

当6等于8

要深入理解简单的事物，应提出简单的问题并作答，然后努力将这些答案转化为新的灵感——有意打开思想的闸门，任思想自由驰骋。进行失败的尝试（有意也好，无意也罢），研究主题变奏曲——想一想："那个方法不管用，我该如何在之前已做出的尝试的基础上进行改进呢？"

在本题中，你可以进行简单的观察，题目要求用3条线段构成一个三角形，如果6条线段不交叉穿过自身，你只能画出两个三角形。

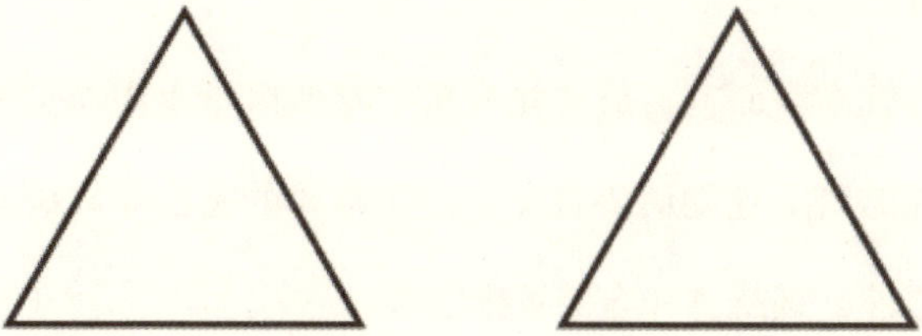

如此一来，你就可以得出一个简单却至关重要的结论，即这些线段必须相交。这一基本理解引发了一个新的问题：如何才能使这两个大小相同的等边三角形相交？如下图所示，此题至少有两种解题方法。

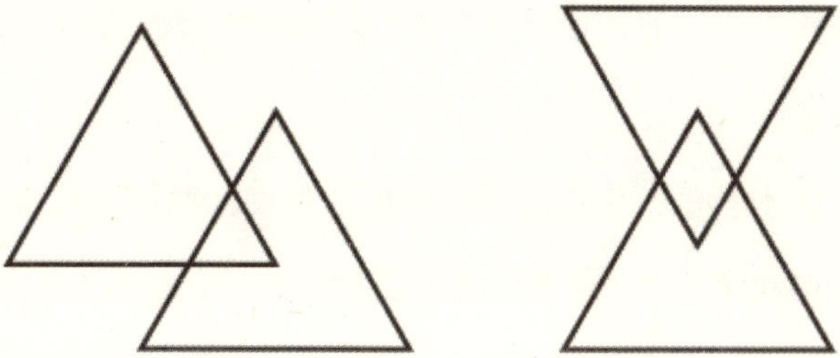

现在来考虑变量，例如，改变这两个三角形的相对位置，或延长这 6 条线段，但仍使其长度相等。或者，你可以重新回到最初的问题，但打破让 6 条线段长度相等的限制来故意失败。现在，在之前用两个大小相同的三角形所做实验的基础上扩展一下，采用两个大小不等的三角形，你会发现多个新方案，如下图所示。

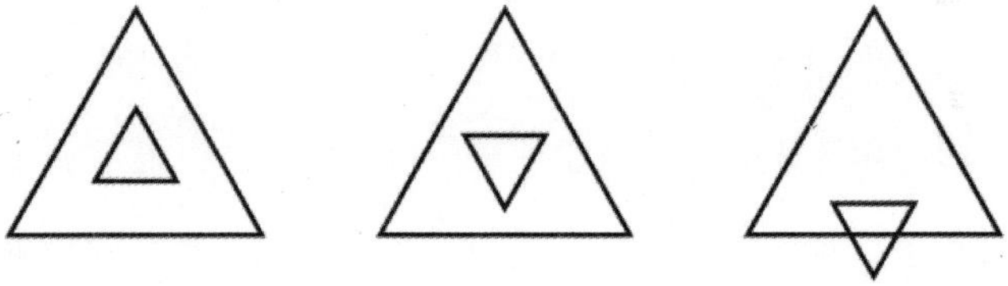

现在你可能会问，如果我将所有线段延长为等长线段，会发生什么？在回答更为简单的问题时，回看你之前各种失败尝试的思路，看看你能发现多少不同的成功方案。更重要的是，应将这种有效思维方式应用于其他场景中。

挖空棋盘

要对全局了如指掌，应着眼于微观层面，以发现其中蕴藏的结构或模式。添加形容词通常是启发此类思维的有效方式。但难点在于，如何不断添加形容词和其他描述语，直至某些细微、简单或隐藏的结构初现端倪？如此，便可避免对近在眼前的真相视而不见。从微观层面加深理解的另一条途径是尽量简化场景。通过五维思考法，你能发现不易察觉的细节，并使其具有利用价值。

在本题中，如题目所述，考虑在这三个棋盘中的任意一个上放置一块多米诺骨牌。现在添加形容词，描述一下该骨牌如何覆盖棋盘以及它覆盖的区域。通过这项练习，你可以发现前两个棋盘与最后一个棋盘之间的细微差别，但更重要的是，要在其他领域将这种思维转换方法进行实践。或者，考虑将这三个棋盘的尺寸尽量缩到最小，直至捕捉到每个棋盘的特点，然后在这些经过简化的场景中考虑骨牌覆盖问题。

两间房、三个开关和一盏灯

我们只有先找到某一个解题方法，即便是荒谬的方法，然后不断完善思路，才能发现最佳解决方案。所以，不要盯着空白屏幕看了，而是先敲点儿内容出来，然后将它作为思考的起点，继而不断改进自己的思路，最终完成成品。

在本题中，我们很容易看出最多往返走廊两次就够了：打开一个开关，穿过走廊查看灯是否亮起，如果灯没亮，再次穿过走廊回到开关处，关上第一个开关，打开第二个开关，然后第二次穿过走廊。无论台灯是否亮起，你都会知道哪个开关控制这盏灯。现在你可以自我提问，启发自己寻找更完美的答案：我是否能找到一种往返次数更少的方法？判断一个开关是否控制某盏灯的唯一方法难道不是在打开该开关的时候查看这盏灯是否亮起吗？最后一个问题能带来新的启发，并引出另一个奇怪的问题：在蒙住双眼的情况下，是否能判断出控制一盏灯的开关？现在，你的思路已经从如何尽量减少往返蜿蜒走廊的次数切换到如何应对另一项相关但又不同的挑战。

即使有办法在蒙眼的情况下判断出正确的开关，也需要往返走廊多次，所以你肯定会失败。但是，也许只有通过故意失败，才能拥有激动人心的顿悟时刻。采用这种思维方式，不仅能在破解此类难题时醍醐灌顶，而且也能在应对即将到来的挑战时起到发蒙解惑的作用。

移动两根火柴，使正方形个数从 5 个变为 4 个

如果有疑问（或其他问题），可以尝试添加形容词

法并持续使用这个方法，直至有新的发现。只有通过明确描述事物，才能发现其中深层的结构或模式。

就本题而言，你要不断去描述题目中给出的多根火柴，直至了解需要构成的 4 个正方形的相对位置。然后查看已经摆放到位的火柴和缺失的火柴。根据这些观察，你不仅能发现这些正方形的深层模式，还能发现你的生活的潜在模式。

缓慢燃烧

记住这句谚语：形势困难时，聪明人会另辟蹊径。通过设定并解决较为简单的挑战，然后不断重复该过程，直至获得新的领悟。

在本题中，目前的挑战难度太大。如果降低难度，假设不是将线燃尽，而是只燃烧一部分，这种情况下找到正确答案的可能性就更大了。当然，你可以通过线的燃烧计算出 60 分钟，甚至 120 分钟的时长。现在，你要问一下：我还能通过这种方法精确计算出其他时长吗？为了测算不同的时长，必须采用不同的流程。所以，计算 60 分钟或 120 分钟需要如何转变思维方式？让我们重温一下题目，把线剪断毫无帮助，因为每根线的燃烧速度不均匀。

一旦发现自己不太费力就能测算出所有时长，那么你可以看看是否能够再次利用自己的创意产生新的灵感，按题目要求测算出 45 分钟的时长。提出相对简单的问题并作答，然后重复该过程，直至有所领悟，这是一种思维练习，其目的是解决各类大大小小的问题，甚至是无附带条件的问题。所以，应当经常、随性地运用这种训练方式，点燃内心渴望对生活有更深刻领悟的火焰。

前十名名单

深思考的最佳途径通常是从不同的角度看待同一问

题，并且，如果感觉无从下手，可以首先考虑相反的观点。

就本题而言，可以将每句话转换成与之逻辑相反的说法，清楚梳理出有多少项描述是真的，即"本列表中哪几项描述是真的"。如此一来，你可能会发现这些描述的逻辑。以这个新视角看待本题，能为你带来哪些新的领悟或想法？从事物的对立面看待问题，从而加深理解，你可以将这一原则贯彻终生。

5个人，4顶帽子

考虑在不同的场景下，是否会出现不同的结果。我们应采用不同的角度，以一种若即若离的方式看待世界。不同的视角往往能令人产生更强烈的换位思考意识和更深刻的理解。但要想获得顿悟，就必须以某个视角为起点展开思考，让思想自由徜徉，直至有所领悟；否则，你将无法从该角度真正看清世界。你需要运用该观点进行思考——了解这种思维方式以及观察到的任何行为的含义或缺少的行为的含义。

在本题中，这四名学生都知道两顶帽子为黑色，另外两顶是金色，但他们掌握的信息都一样吗？或者其中有些学生是否比其他人了解的信息多？考虑其他可能的情形：如果以不同顺序摆放帽子，会出现什么情况？为什么那些聪明学生中的一人要花约一分钟的时间才能说出帽子的正确颜色？面对不同的立场，用同理心换位思考，能够改变你看待世界的方式——除了这个帽子难题，你还可以在生活的其他方面训练这种有效思维模式，让心灵归于安宁平静。

室友握手次数

这道题目是加深对简单事物的深刻理解的基本练习。在面对难度巨大的挑战时，例如本题，切记：不要直面挑战！而是要创造一个相对简单的题目——事实上，可以创造你能应对的最简单的相关题目。攻克这道简单的题目，并更深刻地领会其解题思路，然后在该题的基础上，把难度提高一些，解开该题后，再找出这两道题目解题思路之间的联系。不断重复该步骤，找出某些隐藏的联系，能让你更细致入微地审视最初那道令人望而却步的题目。

就这道题而言，你可能首先通过提问以更深入地了解具体情形：鉴于拉特谜题的规则，以及知晓了拉夫尔听到九个不同的答案，那么这些答案的具体数字分别是多少呢？有可能某人同九个人都握过手吗？（记住，没人跟自己握手，也没人跟自己的室友握手。）答案了然于胸后，你可能会想是哪一部分让这个聚会谜题如此复杂。一旦你得出一个有用的答案后，可能会继续提问，如何在保持谜题的规则和本质原封不动的情况下，创造一个更简单的类似情景呢？在生活中要经常这样自问，以产生新的领悟。

狂风骤雨

这个没头没脑的题目是为了告诉你，即便你沉浸于细节时，也不能忽视一丝一毫的事实——一些微不足道的特征可能是获得启发以解决整个问题的关键所在。另外，从某一情形或故事的开端开始思考（包括在脑海中把问题从头至尾想一遍），然后设想可能出现的情况，直至得出结论。

在本题中，到午夜时分你才会开始行动，但有效思维却每时每刻都能进行。

用 12 根火柴，摆出一个面积为 4 的多边形

我们经常听到"打破常规"，但这条箴言却没有告诉我们如何突破定式思维的桎梏。有效思维的练习能够为你提供实用的措施，让你能借此迸发灵感（乃至另

辟蹊径）。设想更容易或具有替代性的问题，以及着眼于极端案例，这两种简单办法能帮助你以创新的方式思考。

在本题中，右边的图形（多边形的面积为 5）表明你需要跳出正方形去思考，也就是说，你可能无法组成面积为 4 的直角多边形。这意味着什么呢？你可以问自己一个替代性的预热问题：要组成一个面积为 4 的直角多边形，我最多能用多少根火柴？我能加上其余的火柴而不改变多边形的面积吗？而另一个解答这道题的方法是问你自己，使用 12 根火柴组成的多边形的最小面积是多少呢？

因为多边形必定有一个内部区域，即必定有面积，所以面积为零是不可能的。但是你能用 12 根火柴组成一个面积最小的多边形吗？如果可以，你是否能运用这种思维方式解答最初的谜题呢？循着这个方向，修改左边的图形（面积为 3×3 的正方形）可能会得到一些提示。总是试图直接解答面前的难题是一种错误的方法。

相反，通过侧面解决一连串不同的相关问题，能够帮助你找到新的方法，以便你可以从一个新的视角看待最初的挑战——这种方法能完美且轻易地找到解决方案。现在把这种思维方式用于解决逻辑题之外的难题吧。

折叠地图

深入理解简单事物的一种方法是从微观层面思考问题，抛开整体挑战的干扰，然后尝试循序渐进。转向宏观层面往往需要采用一种完全不同的视角看待问题。结合微观和宏观视角有助于产生某种顿悟，或者（理想的话）解决方案。最后，尽可能积极地将想法付诸实践是获得新发现的有效方法。犯错（有时甚至仅仅是试验和差错）会催生过渡性的有效失败，因此毅力必不可少。任何时候只要可能，在进行下一次尝试之前将这种过渡性失败转化为某种领悟。渐进思维有助于产生突破性的想法。记住温斯顿·丘吉尔的至理名言："成功是在从一个失败到另一个失败中不失去一丁点儿的热情。"

在本题中，就微观思维而言，是要一次思考一对连续数字，找到一种折叠地图的方法让这对数字对应的正方形相接。对于一对特定的连续数字，如果让它们对应的正方形相接似乎不可能，那就找到阻碍其相接的约束因素并专注于克服这些因素。如果克服这些约束因素貌似不可能，思考其原因，然后转向下一对连续数字，并重复上述思考过程。一旦你正确地让两块正方形相接，就尝试将这种思维方式扩展至相邻的数字。就宏观思维而言，思考地图沿线折叠的所有方式，可能会包括一些反直觉的折叠方案。所以暂且撇开数字的约束，探索不同的折叠方式，这种解放思维的方法能让你想出复杂的折叠方案。当你回到微观层面再度加入数字相邻的约束时，这些方案可能会很有用。当面对生活中的难题时，要练习这种均衡使用微观思维和宏观思维以及克服约束因素的方法。

找出错误陈述

当面对生活中的难题时，我们时常陷入细节的泥沼，以致一叶障目，不见泰山。细节固然重要，但我们决不能因此忽略了整体情形。五维思考法需要你的心灵之眼同时以宏观和微观两种维度审视挑战。

在本题中，尽可能细心地反复阅读整道题。同时，要用这种思维去发现生活中其他难题隐藏的细节。

两秤称九石

循序渐进也是一种进步，而且往往是一种各个击破的好方法，重复使用这种方法就能帮助你巧妙地解决问题。作为一种替代方法，思考更简单的问题总能给我们带来解决难题的灵感。

对于这道题，姑且不论从九块石头中辨别隐藏的宝石，首先你可以问问自己，你能在更少的石头中辨别出宝石吗？有很多种方法把石头分成更小的组别，你需要思考每一种可能性，直至你找出一种分组方法可以仅用两次称重就辨别出宝石。此外，你还可以思考一个更简单的问题：如果只有两块石头，你能辨别哪一块隐藏着宝石吗？如果有三块石头，或者四块甚至五块呢？这些简单问题的练习可以提供灵感帮助你解答难度最高的九块石头的谜题，而面对生活中的难题时，这种思维方式往往有拨云见日之效。

新星诞生

在解决问题时，思考不同但相关的问题是一种加深理解的有效方法。

对于这道极具挑战性的题，我必须承认自己初次看到时也是一头雾水——我把它看作我的"必解谜题"。在飞机上，我花费了好几个小时不停地画线分割五角星，试着解开这道题。我相信坐在我后面那排的乘客一定怀疑我精神有问题。当我最终想明白的时候，我感觉棒极了，但很快又沮丧起来，因为我一开始没有想到不同但相关的问题。现在，每次遇到难题，只要可能的话，我就会设想不同的问题来解开谜题。

真伪难辨的政客

若要解决某个问题，你首先需要尽可能深入而全面地了解它。经常添加形容词能让你更好地理解面临的问题。

在本题中，我们掌握了四个事实。为每个事实添加形容词，即尽可能详尽地描述它们，并且以尽可能多的方式表达出来。这些你增加的描述就像是在给难题添枝加叶，帮助你更详尽地看清问题的全貌，并找到该题以及生活中其他难题的解决方法。

解放 10 美分硬币

各个击破一直是激发顿悟的有效方法。

在本题中，注意"玻璃杯"是"T"字形加上两条垂直线。第一步是思考如何把玻璃杯上下颠倒（以及有多少种方法）。要把玻璃杯上下颠倒，就需要让"T"字形上下颠倒。所以开始解题时，专注于这项过渡性挑战，即以尽可能多的方式构建上下颠倒的"T"字形。然后，对于你构建出的每一种情况，思考如何加上两条垂直线。现在，在面对生活中的难题时，请尝试用各个击破的方法找到创造性的解决方案。

蒙眼翻硬币

在面对令人望而却步的挑战时，尽可能运用有效思维的5个要素。失败往往很容易，但有效失败却难得多。投入时间深入地理解所面对的挑战后，你可能想要思考一些更简单的问题。记住，对于这些"预热"情景，最终目的不是找到仅针对这一个特定问题的专门方法，而是发掘问题之中一种隐藏的模式和通用的结构，也就是说，这些预热问题是为了激发出适用于除这些简单问题之外的问题的灵感。

在本题中，在花时间真正理解这项挑战后，你可以思考一些简单的问题：如果桌上只有一枚硬币呢？两枚呢？三枚呢？挑战自己，把特定问题的专门方法扩展至其他案例。你可能也会发现对一些特殊细节进行思考会比较有用，比如，如果其中一堆硬币包括所有正面朝上的硬币呢？如果其中一堆硬币包括除了一枚正面朝上和一枚背面朝上的硬币之外的所有硬币呢？考虑极端情况往往能够产生新的领悟。

宠物难题

思考失败的宠物分配策略，就是在考虑极端情况。

提出追根究底的问题，然后耐心地看看你得出了什么结论，以及学到了什么。

在本题中，先假设十只动物是同一种宠物，从而得出错误的答案：我用了多少块饼干？还有多少块饼干没用？剩余的那些饼干我能如何处理？你获得了什么新的领悟？

农夫过河

若要更深入地理解所面临的难题，你需要强迫自己进行反直觉思考，从而发现暗藏的玄机。

在本题中，除了关注农夫带兔子、狐狸和胡萝卜过河的顺序之外，你还应该关注弗朗西斯在回到最初的河岸之前会做什么。

分配弹珠，使获胜率超过 50%

思考更简单的问题以获得更深入的理解，如果未产生新的领悟或者没有新的发现，就再提出新的问题并重复上述步骤。

在本题中，首先思考一个简单的问题，即只有两颗黑色弹珠和两颗金色弹珠的情况。在这种情况下，你可以写下把四颗弹珠放在两个碗里的所有方式（只有五种不同的方式），然后看看哪一种方式能在最大限度上提高蒙眼状态下选出一颗黑色弹珠的概率。面对复杂的难题时，先考虑更容易的问题或者更简单的场景总能获得更清晰透彻的理解。

亏数

通过提出基本的问题并探究它们的根本，你往往能发现细节上的微妙差异，也就是说能更深入地理解问题。另外，先考虑简单问题也有助于我们产生顿悟。

掌握这种思维方式的简单方法就是考虑一种更简单的情形。（为什么一开始就思考一千个数字呢？）或者，有人可能自然而然地认为这十个数字都是差不多的，也就是说它们出现的概率相同。但是，从这道题来看，情况似乎并非如此。这种惊奇的发现会驱使你提出这样一个问题，即当用于组成 1 到 1 000 的数字时，哪个数字和其他的数字不同呢？从一个很基础的层面探寻差异和显著特征，能让你更深入地理解简单问题，同时发现之前遗漏的重要见解。

白费力气

加深理解和产生顿悟的一种方法就是思考特例。分析并深入思考该特例，从而以一种不同的方式看待一般情况。另外，提出新的简单问题总会刺激我们僵化的思维。

在本题中，假设去年毕业班的学生中500人没有车，另外500人有车。进一步假设没有车的学生的平均绩点为3.0，而有车的学生平均绩点为2.0。你能设想出这样一个有1 000名学生的毕业班，其有车和没车的学生的平均绩点均比上一届毕业生更高，但就所有学生而言，平均绩点相对更低吗？通过这种假设你发现了哪些关于统计学和平均数的新见解？

用三根火柴将正方形均分为二

经常让思维自由驰骋（如果无法随时做到），能够让你以新奇的方式看待事物。在新的场景下重新构想之前的解决方案、洞见或者顿悟，能够让你迸发灵感的火花，想出新点子。设想更简单的问题也能进一步提升你的创造力。

有很多更简单的涉及火柴的逻辑题，我们能否将解决其中一个问题的灵感运用于解决当前这道题？可能被提出的相对简单的预热式问题包括：我能怎样摆放三根火柴（首尾相连），让它们恰好在八根火柴组成的正方形（2×2）里面呢？对某个简单的预热式问题的答案进行思考，可能会激发我们找到最初的解决方案。

疯狂、可恶的首席执行官

加深理解的一种方法是，任何时候都尽可能清晰地表达出你知道和不知道的内容。

在本题中，深入理解始于意识到当首席执行官走向你询问答案时（无论你的位置在哪），你知道所有同事所戴的帽子的颜色——通过听首席执行官对你后面的同事的处理方式和看你前面同事的帽子颜色。因此，在你被询问时，你知晓一切，唯独不知道自己帽子的颜色。这一点很重要，并且可能在一开始被你忽视。现在试想一下，如果你就是最后面的那个第一个被询问的人，充分利用你的位置优势，你能通过你的回答向前面的同事传达只有你知道的信息吗?

一如既往,先从特殊和简单的问题入手,当我们将解决简单问题的思维方式应用到更复杂的难题上时,我们能够获得灵感。在这道题中,假如你还有两位同事,或者三位、四位呢?

7

顿悟

通过解题训练有效思维的几点反思

(镜像版)

前一章的"提示",给出了有效推理训练的建议,而本章则可通过对这些训练获得的几则感悟进行概括总结。我们可以对待问题的方式,面对问题,我们是否需要彻底改变得不同的,甚至更深入的视角,但是这需要我们有效思考,为此能胸有成竹,以更清晰的视角看待问题。通过自我思考,我们的能在撕裂中化"腐朽"为"花明"。我希望大家能认识到以上这些题目的总结性观点值得探讨反思。

真题难辨

根据报道的事实,初一名学生是数学专业的学生,而另一名学生是哲学专业的学生,并且这两人之中至少有一个在撒谎。我们推断只有一种可能:他们都在撒谎。

放重要的细节被思考,以及对简单的事情深入思考有助于我们在未来面向问题时思到所有的可能性。

当 6 等于 8

在这种情况下,我们将 6 条线段延长。就成 6 条新的等长线段。在前 5 次尝试失败后,最终可成功获得一种结构。例如,对于左侧两个重叠的三角形,延长它们的 6 条边,会得到右侧图形的结构。

7 顿悟：（镜像版）

该结构包含 8 个等边三角形。如果将顶部的三角形反转，在第二次尝试失败后，改变两个三角形的相对位置，我们就能发现另一种解决方案，即 6 芒之星。有趣的是，每次动作，失败的尝试或结果都会引导我们走向成功。

需要注意的是，在面临人生难题时，如何通过反复训练，我们的思维模型来积极寻求多种解决方案呢？这个问题的关键在于接受某类交叉又矛盾的以及具处思维的十字路口。

时，我们是否能简化繁为简，先得出明知行不通的答案，并在失败的基础上有新的发现或突破。

挖空棋盘

将一块多米诺骨牌正确放置于其中任何一个棋盘上时，我们可以说这块骨牌覆盖了棋盘上的两个方格；说得具体点儿，它覆盖了两个相邻方格；说得更具体点儿，它覆盖了两个相邻且颜色不同的方格。因此，我们可以得出以下事实：如果用多米诺骨牌完全覆盖整个棋盘，一块放置正确的骨牌必然会覆盖一个黑色方格和一个白色方格。这样，当你遵循该规则使用多米诺骨牌覆盖一个棋盘（中间挖空）时，棋盘对角方格起完整的棋盘）时，你就会发现黑色方格的数量与白色方格的数量相对应。

通过研究 2×2 规格的棋盘，也可以得出这一关键结论，因为观察结果一目了然，但无论采用哪种方式，就可以利用这种方法来解决问题。因此，我们需要手意的是，助你通过反复实践、考量的思维训练，以更清晰地使用这三种棋盘的模型——实际上会看到棋盘之后，我们会发现在初次观察时可能造成减弱的。

我们可以来用同样的方式，以更专注的方式来观察生活中的某些事物，以发现其中的精微之处。

两问房、三个开关和一盏灯

如果你足够细心并调用正确的神思能否察觉之外的另一种感官，只需要花这生顺察几次，就可以解决现实生活中的分析难题。如今，人们做事时往往希望迅速获得快。然而，时间是一个变量，它可以提高效率的同时要花工夫——在某些情况下，待时而动非常必要。但是把握住"待时而动"的时机，则需要无辅以计划。然后提出许多问题，对这一不甚理想的升级补通过下止，以此能获得察入的理解。而在提出的问题之中，有些问题可能会引导我们横然不同的方式去看待每一个问题。从而可以全新的角度总概全局。

现在来关注另一个题目吧。请放慢你的节奏，采用相同的反致思维方式，完成头脑中的训练。

移动两根火柴：使正方形个数从 5 个变为 4 个

用 16 根火柴，摆出 4 个正方形。根据反向前的规则内容，我们可以判断任意两个正方形之间没有公共边。提出的图形中不能存在相邻正方形。一旦找到解决方案，你就会发现这个题目与挑战 1 中的题目之间存在关联，此时问题迎刃而解。

每当从反向思考转变为正向思考时，你实际上为大脑开辟了一块空间，得以认真打开了思路，并带来了一线新的机会。你请亲手尝试一下一道题目，目睹探索之路上的惊喜。

缓慢燃烧

你是否能通过燃烧你的精确测算出 30 分钟的长久？

从两个极端水况来研究问题，能够为我们提供全新的领悟和顿悟。

一旦有新的顿悟，你可以考虑借他山之石以攻玉，明思索如何再次运用顿悟去观得更大的成就。不仅仅是如何让迅速燃烧 45 分钟，而是如何激发你的智慧，不断发现新思路。

前十名名单

这些问题其中两句会是真的吗？得到这一相对简单的问题的答案之后，再从不同的视角再相关答句，则答案不言自明。

在你眼中，杯子是半空还是半满？以不为高低化思如此截然相反的观点看看同一杯水是有其价值所在的。

一来，你不仅能摘开这难题，还能更透彻地认识周围的世界。

5个人，4顶帽子

在一分钟的时间内，无人说话。当然，我们不能指望艾丽西娅或布莱斯说什么，因为他们没看到帽子。另一方面，卡文看到的帽子数最多。卡罗尔对这些情况一清二楚，但他只看到布莱斯戴了一顶金色的帽子。卡罗尔猜想达文从他的位置会看到什么，并推测了一切可能的情况。其中有些情况会让卡文快速判断出他自己的帽子的颜色。但是他什么也没说。

从另一个角度得到的看法以及手头的（或脑海中的）事实论证使我们为何会有片刻沉默。现在，请戴上有效思考的帽子，开动时间启发你的思维。

室友握手次数

这道关于握手的难题最令人意外之处在于,它竟然
有答案。它的第二个令人意外之处在于,只要稍加分析
就可得出。而难题的难点在于,有太
多的情况下,这道题目,最简单的情况是他们没有邀请室
友。这样的话,就只有拉尔夫和吉布。另一种最简单的情况
是,如果他们邀请了另一对室友,假设是亚当和比尔,
那么当拉尔夫问另外三个人他们每个人的握手次数
时,他听到的答案将是三个不同的数字。这三个数字必
然是0、1和2。

这道题仍然具有挑战性,所以换个新的问题来解题也
许会有帮助:既然在最简单的情况下,我们是否能判断
亚当和比尔分别与多少人握手?请注意,这个新的问题
会让我们自动算出里奇的握手次数,但却是以一种不同
的方式引导我们找到答案。这一特殊情形下的握手次数

成少，你可以握一切可能性考虑在内：如果亚当没有握有握手，而可以握手一次；如果亚当没有握手，而可以握手两次；如果亚当握手一次，而可以握手两次……随着聚会中成对室友人数的增加，得出的不同答案不仅可能为我们带来新的顿悟，而且能带领我们找出计算握手次数的模式。从而带我们平平稳稳地回答最初那道难题的另一个更深刻的道理藏于在看似简单的事物中发现的规律。

狂风骤雨

如果需要再次反复出现，你可能会觉得格 72 小时转化改天数非常有用。

即使是一个像严十足的题目，也能让你在处理日常生活中更严峻的问题时思路大开。

用12根火柴,摆出一个面积为4的多边形

由直角组成的面积为4的最简单的多边形是一个1×4的矩形。

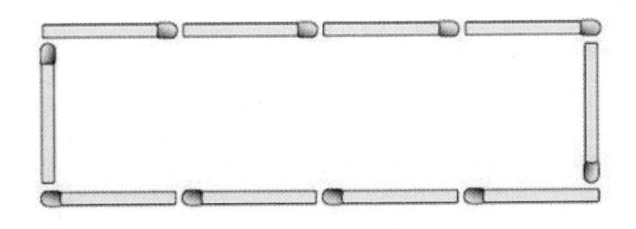

该矩形由10根火柴摆成,因此问题在于如何移动这图形,用上剩余的2根火柴。

或者,将该思路转且且放在一旁,你可以考虑用12根火柴摆出一个面积最小的多边形。如果你考虑四用棱接摆成一个3×3的正方形,你会发现,通过向右错动水平方向上的2边缘,同时保持下边缘固定不动,可以摆成一个"斜正方形",也称"菱形"(如下图所示)。

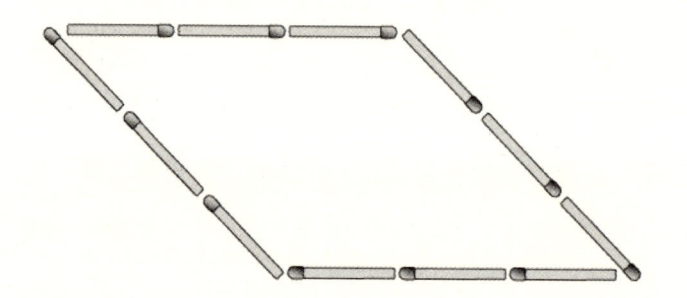

深思考

如果该菱形上下边被拉紧，两排火柴会正相堆叠在一起，最终菱形成为一个退化的菱形，边形面积为0，已经称不上是菱形了。然而，如果将其上下边稍微撑起，就能构成一小块非石灰的区域。我们最初构想的正方形面积为9（3×3），该正方形的面积可以缩小。现在，对于最初的那道难题，你有什么样的结论？

我们由此可以通过1×4的矩形，在首次尝试中采用较接近的想法：将两根火柴摆成"V"字形，对接两端，然后用原题之前相同的推理来证明可用12根火柴摆出一个面积为4的多边形。

7 顿悟：（镜像版） 123

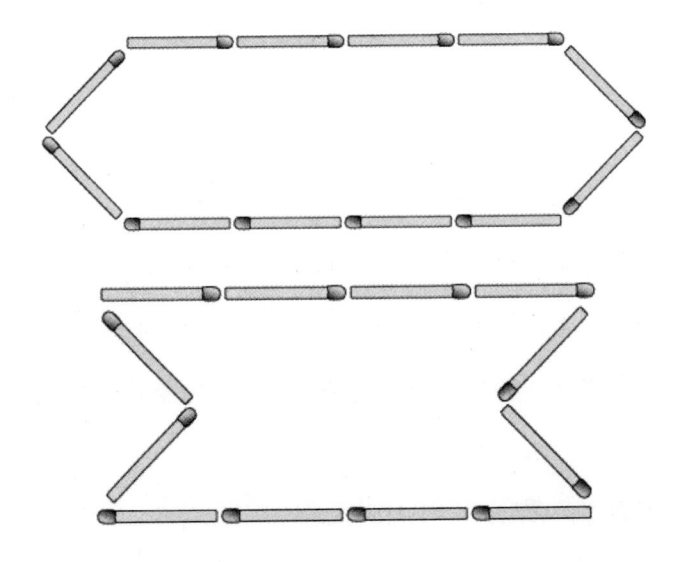

一旦打破局限，根据刚被僵化的思维方式，大脑很容易想到更多的可能性。你很可能会发现很多不同的解决方案。这些被禁锢的思维能使我们以全新的视角来解决任何问题。然后我们可以运用这种思维模式来解决生活中的其他难题。

折叠地图

对于第一张地图,考虑用各种方法将"7"和"8"这两个正方形排在一起。每次折叠时,确认正方形"9"是否与其他正方形排排,然后从那里入手。对于第二张地图,最终需要采用一种特殊的折叠方案。根据你以外翻转折来这一做法的启发,创造一种折叠方案。

现在,将你的注意力集中到手工折弄无关的挑战上,将本题中采用的有效思维方式作为"智能 GPS",加以运用,以助你找到新颖的解决方案。

找出错误原因

本题中的每个数字都至关重要。
关注细节为有效思维打开思路。

两种称九石

我的学生最初尝试用4颗石头对另外4颗石头进行称重，但他们很快发现，这么做不能保证用两种只标两次就测出石头的重量。这种称重尝试就像寻找海盗收藏的战利品，虽然失败了，但以失败中获得的领悟能够让他们最终发现定藏。

如果用你的思维模式去权衡其他问题，就能像他们的海盗那样发现新的财富。

新星诞生

也许我们不应只考虑可能多地地创建三角形，而是应该问自己另一个问题：如何在星形上放置两条线，它们尽可能多地变化这星形？也就是说，不是使三角形数量最大化，而是尽可能增加相交叉的数量。

另一个有趣的点是，我以这种方式命名这题目的原因在于我发现这样做题目会比较有趣。美国西南大学几个聪明的学生以为这道题目暗藏玄机，所以在杂质隐藏的线索。他们找到了藏题之道。他们在藏题过程中发现了一个不一个较小的黑色图案……所以这个答案中藏生了一个新的较小的黑色图案。

"新星"，真是太棒了！

换一个不同的问题来思考，就可以让你想到原本想不到的星星。

真的难解的故答

这些故答中至少有一名寿里加一名，意味着一名或多名故答是确定的。"任意两名故答中"，意味着你可以考虑让这准故答中的任意两名，这包括了一种可能性，即你可以选择一名故答，然后将他与自己联系起来故配对，每次一对。

帮助我答问可以在任何情况下为你带来真正的全新的领悟。

解放 10 美分硬币

已曾猜动火柴的脑算是一种"移动"方式。但人们在考虑"移动火柴"时往往不会想去猜动火柴。有意识地留心简单的可能性，能够让你获得想不到的机遇，这远超出破解难题后的收获。在面对一个"硬币正面朝上"的挑战时，不妨尝试一下这个方法。

紧跟翻腾硬币

你现有的唯一信息就是正面朝上的硬币数量。这给出应该考虑的可能猜动次数以及该怎样区分两枚，由此你会思考其中的一般变数——般本题而言，可能存在另一种情况，然后猜一枚硬币正面朝上的硬币数量与另一枚硬币正面朝上的硬币数量进行比较。只要有机会，应确认自己能运用多少个有效猜测的要素来发现题目中隐藏的细微差别，当成这用上种重要案,以免耽误开始,并尽可能地找到解决方案。

怪物难题

如果一开始就错误地假设10只怪物全部都是渐,至少思考本题时会让我们将如看得多得了一块饼干的猪。这一基本但重要的动机不仅能阻止你以全新的视角重新审视原题,而且能迅速地找到答案。

花点儿时间去领会你的思维转变方式:与最初猜题时的表现不同,现在你能够以不同的视角看待这题。由于这种理解上的变化,你现在能迅速厘清题意的普遍规律和差异。例如,如果你有20只怪物和111块饼干,答案会是什么?

恭喜你!运用正确思考方法发生的改变为你的发展进步带来了令人振奋的希望。无论你是爱猫之人还是爱狗之人,你完全可以充满极大热情地,从而以崭新的角度看待怪物问题。

农夫过河

通过把之前远过河的部分货物再运回来，弗朗西斯可以结束了。孤独和困惑下全部安全运到河对岸。

根据有与直觉相悖的情形（即一切可能性）纳入考虑范围，能够让你发现之前可能被忽略的信息。

分配弹珠：使获胜率超过50%

我们需要计算出从每个碗中选择一颗黑色弹珠的概率的平均值。因此，假设一个碗里有两颗金色弹珠，另一个碗里有两颗黑色弹珠。如果你从第一个碗中选择一颗黑弹珠，那么获胜率为0；如果你从第二个碗中选择一颗黑弹珠，那么获胜率为100%。所以这两种可能性的平均值，胜获胜率为50%。现在，将四颗弹珠都放在两个碗中，获胜率会大于50%吗？反过来将这种思路扩展，应运用于解决最初100个弹珠的难题呢？

当你在砚盛商中合理分配好弹珠时，应为接下来拓展思路做好准备。

奇数

不断重复一个数字（例如，2、22、222或7、77、777）会得到不同的数字，但有一种情况例外。根据这一结论，应该会出现不完整的数字。对于复杂的九个数字，在从1到999之间的数字中，它们出现的概率全部相同，但是如果将数字1 000也算在内，会多出一个数字1。如果在最初解题时考虑到从1到10的数字，你也许就能发现这一现象了。

对基本问题发问，发现那些最初看上去过于简单的细微差别，你将更深入地理解重复发生的问题。

白费力气

这题目给我们的启示是,如果你希望比比较平均数和绝对数字有意义,那么了解分组人数的相对规模大小至关重要。在这种情况下,我们假设新的毕业班由100名平均绩点为3.1的应天毕业生和900名平均绩点为2.1的当年学生组成。

在这种情况下,考虑某个特定情况可以让你更深入地处理信息,让信息和数据变得真正有意义。

用三根火柴摆正方形划分为二

将三根火柴首尾相连,使其相交成直角,可以得出两种及其他的构形。考虑其中一种构形应该能帮助我们解开这道难题。要解决这个附加题,就假设这些直角加上交叉线,这样就可以将之前的构形轻轻拉直。

只要有可能,在面对未来的诸多难题,可能出现的情况和挑战时，可借鉴和利用有效思维的想法、领悟、方法以及各个要素。

疯狂：可怕的首席执行官

如果你排在队伍的后面，就只能做出两种回应中的一种。看一下站在你前面的那有同事的帽子颜色，从两个同中选一个来推测你所看到的？我猜你很可能会说出现概率最高的帽子颜色。

这种做法存在问题，例如，当出现红色帽子与绿色帽子的数量相同这种情况。失败的尝试会同样地为我们带来启示。你会发现自己必须想得具体一点儿。回到这个题目，再往深处想一想。看一下站在你前面的所有同事的帽子颜色。你将如何形容你所看到的？在试图获得更深知的理解时，往往应该加以容问。

8

未来已来

亲爱的读者，如果你已经读到此处，并已通读前文所有内容，包括之前两个章节中倒置及镜像排版的文字内容，说明你已在思维训练之路上前行了很远，如果你愿意花时间积极参与并训练有效思维，那么你在思考问题时会更加深入。如此，想必你已经在我开创的"通过创造性地解题实现有效思考"课程中体验了部分思维之旅。

真正富有成效的正规教育，其核心并非在面对任何特殊主题或个别问题时该如何思考，而是如何利用一切事物进行有效思考，并随时随地练习有效思维。

美国西南大学有一项传统是我最先引入并为之自豪的，那就是在每位学生毕业之前，校长都会邀请他们到校长的家中,坐在校长家的大餐桌边共享晚餐——该餐桌可容纳18位客人,其中包括12名学生及6名教职工、员工、管理人员或本大学校友。

在上甜点之际,我会让他们结束各自的对话,并让所有人参与我之前从未透露过的新话题,每个人都可以踊跃发言,这也象征着我们一直以来应培育和鼓励的大学文化。在推特上搜索@ebb663及"晚餐"等字眼就可以找到这些话题(以及集体用餐照)。如果你有感于此,也希望举办一场类似的聚会,你可以随意使用本书或之前的校长晚餐话题来寻找灵感。以此类积极正面的话题与他人交流思想是一种行之有效的方法,它可以激发更深层次的思考,同时可以继续锻炼有效思维模式。

再次祝贺你,我希望你不但可以继续以睿智的方式学习、成长、思考和创新,而且可以在美国西南大学真正的古典教育哲学传统中,继续将各种思想融会贯通。这样,在当今社会,你将获得更加有意义、更丰富多元的教育,你的明天也会更加辉煌。

附录一
课程概述

2015年秋天，我开创了一门叫作"逻辑题中的高效思考"的课程，不过鉴于雇主总是青睐聪明且善于解决问题的人才，并且可能并不把他们所面临的挑战视为难题（尽管这些挑战的确就是难题），所以在成绩单上，这门课被称为"解决问题中的高效思考"。正如前文所提到的，在现实生活中，我们每天都要面对各种困惑，既包括私人方面的困惑，也包括工作方面的困惑；既有鸡毛蒜皮的小事，也有关乎生死存亡的大事。有些困惑可以归为负面问题，但生活中的难题远比生活中的问题多得多。我在此概述这门课程，以便帮助读者产生相似的体验。

虽然这是我有史以来教授过的最有深度的一门课

程，但正如前文提到的，我将其戏称为"课程版的《宋飞正传》"，因为这门课程和《宋飞正传》一样，没有主题，没有主线，但却试图教会学生一切。这门课是一堂短期授课内容，但却有一个长期目标，即回答被我称为"教师的20年之问"的问题：20年之后的今天，有哪些内容是我的学生从当年的课程中学到并使用至今的？为此，我希望学生们能通过这门课程愉快地进行思维训练，从而提高创造力，加强建立联系的能力，提升有效思维能力，并终身受益。

本课程的内容侧重于培养学生的思维方式，而非只关注一个主题，例如微积分。我们探讨大脑的生理发育，以及一心多用、社交媒体和个人电子设备的负面影响，同时还研究专注力、感恩以及其他能令大脑重新充满能量和更加专注的积极因素。但本课程的核心是围绕五维思考法，旨在帮助个人以新的角度思考问题，提升创造力并发现事物之间隐藏的联系。

这门课程通过设置一系列逻辑题来锻炼思维方式，

每周给出三个题目：一个相对简单，一个稍微难一点儿，还有一个则故意设置得极具挑战性。但是，所有题目都是为了启发思考。这门课程的最终目标并非解决现有难题，而是通过多次有效思维训练，使学生以尽可能多的角度来审视同一个题目，即便他已找到该题目的答案。

解决难题就像获取文凭——能不能拿到文凭不是关键，获得文凭的过程才是关键。同理，能否解决这些题目不是关键，通过解题锻炼思维从而推演出充满想象力的洞见或解决方案的过程才是关键。这一过程将提升我们的思维敏捷度。最初我们会以单一的视角看待世界的万事万物，而后，经过有效思维训练，当我们再次审视这些事物时，我们将豁然开朗。然而，如果缺乏大量的训练，意欲从惯性的想要快速解决问题的思维方式，过渡到沉心静气、深思熟虑并最终寻根究底发现真相的思维方式是极为困难的。而该课程中的这些题目则提供了所需的练习机会，能让你更轻松自然地获得这种顿悟。

这门课除了要求学生彻底思考列出的题目之外,我还希望他们在今后的生活中持续运用课堂中习得的思维习惯。因此,我要求学生提交来自其他学科的家庭作业副本,并指出那些被他们用于完善最终作品的有效思维。同时,他们还会应用这些思维去解决课程之外的难题,例如,他们运用这些思维要素来改善与家人、朋友、同事或者室友之间的关系;强化在运动场或职场的战略能力;在所有课外活动中发挥更大的作用。

由于本课程与思维方式有关,所以我们鼓励学生以自己选择的方式去练习专注力,可以是安静地散步、静坐、表达感激、冥想或其他让大脑在清醒的状态下可以得到休息的活动。在这种状态下,所有的关注点都是现在。我们的思想经常停留在过去,为刚刚发生的事情烦恼不已(我真的搞砸了,我遇到大麻烦了),或者停留在将来,为即将发生的事而苦恼(我准备得太不充分了,我有大麻烦了)。如今我们所处的世界科技发达,口袋和背包里电子设备的振动或铃声不时地对我们造成干扰,因此,我们往往不会活在当下,要么瞻前顾后,要么疲于奔波。科学研究表明,我们的大脑需要休息或充电,以便尽可能让自身更高效、睿智、有创造力和快乐。因此,享受安静的时刻不仅有利于个人成长,而且能让我们在与他人相处时产生更强的同理心。

每周我们都会邀请一位有趣的嘉宾来进行一次时长为 90 分钟的座谈。嘉宾通过简单分享他们在生活中遇到的难题(工作和生活方面或大或小的问题)以及如何思考并解决它们来展开话题。剩余的课堂时间则交给学生锻炼提问的艺术,每位学生可以向这些成就斐然的嘉宾提出一个值得探索的问题。这一时长为 1 小时的问答环节总是来访嘉宾讲课期间最活跃、最刺激的时刻。

通过上述方式以及课程中其他方面的练习,学生可以在不同情境中锻炼新的思维方式。虽然很多用于激发思维的元素和练习起初都看似简单,但实践仍然是关键,难点在于将其消化吸收以真正为你所用,并将其融入自己的创新模式和日常思维模式。为了强调之前所介绍的思维实践的重要性，学生需要签订一份合约，列出他们愿意遵循的条款。合约和第一天的课程材料均附于此。

希望你在阅读本书以及在人生前行的过程中，也会乐于接受新的思维模式和分析模式，它们有可能会带你到达新的高度。

现在，欢迎你参加这门独一无二的课程，并享受它带来的智力激发之行。你可以通过课程中的题目和提示，探索各种形式的专注力练习，与周围有趣的人互动，并了解他们如何解决生活中遇到的难题，以及进行有效思维训练。开展有效思维训练需要个人发挥主观能动性和主人翁意识，而非心安理得地袖手旁观，并要求别人来"指导自己"。相反，你必须有意识地去创造机会以挑战自我，直至最终改变自己。在求知之旅中，学校、老师、教授、导师甚至是这本书，最多只是起辅助作用，你本人才是人生这场冒险之旅的主角。

通过创造性地解题实现有效思考

大学研究 232　美国西南大学
讲师：爱德华·伯格

文本：

- 《深思考》，作者：爱德华·伯格
- 《五维思考法》，作者：爱德华·伯格，迈克尔·斯塔伯德
- 《小王子》，作者：安东尼·德·圣埃克苏佩里。

课程描述

　　这门两学分的实验课程将提高你解决问题的技巧，以及寻找新途径从不同的角度看待问题的能力。通过学习本课程中不

同的方法，以及课程中的逻辑题和思维训练，你还能够形成更深层次的理解方式。本课程的目标之一是将这些专注力练习与其他课程以及你今后的生活都联系起来。此外，每周的特邀嘉宾知识涉猎甚广，他们会来到我们的课堂分享他们的思维方式和人生故事，并开展发人深省的对话。

本课程的主要目标是通过提供有意义、影响深远、改变人生和极具挑战的智力体验，帮助你提高理解、思考、创新和建立关联的能力，并且在课程之外也能帮你欣然实现这样的目标。

逻辑题

本课程会采用各种类型的逻辑题来练习本课程倡导的思维方式、创造力和毅力训练。我们的目标是希望你通过解题，能够把在这一过程中习得的思考方法运用于解决生活中遇到的难题。

在每周一晚课的开始，你要提交先前布置的三个题目的书面解决方案。每周我们会布置三道题目，一题相对简单，一题中等难度，另一题极具挑战性。标注为"由个人解决"的题目要求必须由个人完成，也就是说你不能和他人讨论这些题目（除了我之外）。其他所有题目可以和班级上其他人共同协作解决（但不能是班级以外的同学）。协作性作业必须通过真正的协作来完成，即不能以"你来解决那道题目，我来解决这道题目"的方式合作。此外，在与别人合作前你必须先试着自己思考每一道题。评分标准不仅包括解决方案的正确性，还包括解决方案的清晰性，以及你对有效思维策略的反思。这些策略用于提高洞察力和产生顿悟时刻，因此，你需要提交经过编辑并精心编写的定稿。

除了上述周一要提交的内容外，对于上周五嘉宾的课堂演讲，你还要提交两段打印好的思考报告。该报告可包含对上一个嘉宾的课堂内容的反馈、感悟和看法，或者是你认为嘉宾应用的某个有效思维元素。

临时状态报告。本课程在很多方面都是不同寻常的，例如，与其按时提交一份不完整且不能反映出你所做努力的作业，还不如为题目找到一个清晰、正确、完整且你本人（理所当然）引以为傲的解决方案。

因此，当有题目未完成时，你可以提交一份"临时状态报告"。这份状态报告需要你清晰地指明你在解决这个题目时花费的时间、之前所做的各种尝试和结合课堂所学而应用的五维思考法，以及接下来的解题策略。

有效思维实践

本课程的另一个不同寻常之处在于，它旨在直接影响你的脑力训练和创造力训练。为此，每周五你都要提交一份其他课程的作业副本（作业、论文或阅读），在这份作业中，可以说明你曾经有意且直接运用了一些有效思维元素。在上交的作业副本中，你需要清晰地表明本课程的思维训练如何帮助你完成该作业。

论文

本课程会布置四篇论文作业，以及在期末考试时按计划应提交的"最终反思/顿悟时刻"论文。每份提交的作业都要包含最终打印版并附上倒数第二份手稿（以展示你的手写版作业）。

专注力

本课程的重点是培养思维习惯，以帮助我们更高效地思考、创新、建立关联、生活和为人处世。因此，本课程另一个不同寻常之处是要有意识地进行专注力训练。作为本课程的参与者，你可以每天花费至少10分钟的清醒时间进行安静的专注力练习，以帮助大脑放松和充电，并培养积极的心态。本课程会介绍练习专注力的各种方法和建议。

课程合约及荣誉守则

你需要签订一份合约，以名誉来担保你将遵守合约条款，在班级里保持活跃且维持良好声誉。在解题时，你不能参考任何网络资源、文本、书籍或求助于课堂以外的人员。

分数

难题	30%
论文	25%
有效思维实践	25%
课堂参与	10%
有效失败	10%
总计	100%

"逻辑题中的高效思考"合约

爱德华·伯格
美国西南大学校长

本人，_____，在此同意以下条款：

1. 我会尝试用新的方式思考、创新和建立关联，会更深入地理解，努力做到从多个角度看待问题，绝不会因沮丧而放弃，会从失败中吸取教训并培养提问的习惯。

2. 我会带着良好的精神状态和幽默感来上课，并将把在这门课上学到的知识应用到我生活中的其他方面。

3. 我会试着每天至少花10分钟来进行一次平静、清醒、专注的专注力练习，来给我的大脑充电，同时培养一种积极的心态。

4. 我会认真完成所有要交的书面作业，清晰地表达出我的想法，且不会只提交初稿。所有的作业至少做过一次修改，且如果未打印，我会以工整的字迹重新书写。

5. 我提交的作业都是本人尽心尽力努力的结果，且本人对所有提交的作业引以为傲。

6. 每次班会，我承诺做到"断网"。也就是说，我会关闭我的个人电子设备且不会在课堂上使用任何电子设备。

7. 我会独立完成个人解决的题目，在解决任何题目时，不会参考任何互联网资源、文本或求助于课堂以外的人员。

8. 无论在本学期还是下一个学期，我都不会和其他同学分享这些题目及其答案。

9. 我会遵循荣誉守则，如果不确定它如何适用于任何与本课程相关的活动，我会提前了解清楚。

_____ 于 _____ 月 _____ 日，20_____ 年由 _____ 做证签订。

附录二

顿悟
通过解题训练有效思维的几点反思
（常规版）

前一章的"提示"给出了有效思维训练的建议,而本章则对可通过这些训练获得的几则顿悟进行概述。这些顿悟改变了我们对待问题的方式。面对问题,我们总是能够获得不同的,甚至更深入的视角,但是这需要我们有效思考,方能冲云破雾,以更清晰的视角看待问题。通过启发思维,我们能够在脑海中化"柳暗"为"花明"。我希望大家能够认同以下这些题目的总结性评论值得深刻反思。

真假难辨

根据现有的事实,即一名学生是数学专业的学生,而另一名学生是哲学专业的学生，并且这两人之中至少有一个在撒谎，我们推断只有一种可能：他们都在撒谎。

对重要的细节细致思考，以及对简单的事情深入思考有助于我们在未来面临问题时考虑到所有的可能性。

当 6 等于 8

在这种情况下，我们将 6 条线段延长，形成 6 条新的等长线段，在前 5 次尝试失败后，最终可成功获得一种结构。例如，对于左侧两个重叠的三角形，延长它们的 6 条边，会得到右侧图形的结构。

该结构包含 8 个等边三角形。如果将顶部的三角形反转，在第二次尝试失败后，改变两个三角形的相对位置，我们就能发现另一种解决方案，即大卫之星。有趣的是，每次幼稚、失败的尝试最终都会引导我们走向成功。

需要注意的是，在面临人生难题时，如何通过训练我们的思维模式来积极寻求多种解决方案呢？这个问题的关键在解决某类交叉式难题以及身处思维的十字路口时，我们是否能够化繁为简，先得出明知行不通的答案，并在失败的基础上有新的发现或顿悟。

挖空棋盘

将一块多米诺骨牌正确放置于其中任何一个棋盘上时，我们可以说这块骨牌覆盖了棋盘上的两个方格；说得具体点儿，它覆盖了两个相邻方格；说得更具体点儿，它覆盖了两个相邻且颜色不同的方格。因此，我们可以得出以下结论，即如果要用多米诺骨牌完全覆盖整个棋盘，一块放置正确的骨牌必然会覆盖一个黑色方格和一个白色方格。这样，当你遵循该规则使用多米诺骨牌覆盖一个棋盘（中间挖空、切掉对角方格或完整的棋盘）时，你就会发现黑色方格的数量与白色方格的数量相对应。

通过研究 2×2 规格的棋盘，也可以得出这一关键结论，因为观察结果一目了然。但无论采用何种方式，都可以利用该结论解决问题。因此，我们需要注意的是，如何通过这些刻意、专注的思维训练，以更清晰的视角解决这三种棋盘的谜题——实际上在看到棋盘之后，我们会发现在初次观察时可能遗漏的新细节。

我们可以采用同样的方式，以更专注的方式来观察生活中的某些事物，以发掘其中的精妙之处。

两间房、三个开关和一盏灯

如果你足够耐心并调用五种感官中除视觉之外的另一种感官，只需要往返走廊寥寥几次，就可以解决现实生活中的台灯谜题。如今，人们做事时往往希望速战速决。然而，时间是一个变量，它可以成为提高效率的有力工具——在某些情况下，待时而动非常必要。但是要把握住"待时而动"的时机，则需要先制订计划，然后提出许多问题，对这一不甚理想的计划补漏订讹，以此获得深入的理解。而在提出的问题之中，有些问题可能会引导我们以截然不同的方式看待最初的问题，从而以全新的角度总揽全局。

现在来关注另一个题目吧，请放缓你的节奏，采用相同的有效思维方式，点亮头脑中的明灯。

移动两根火柴，使正方形个数从5个变为4个

用16根火柴，摆出4个正方形。根据这句话的形容，我们可以判断任意两个正方形之间没有公共边。因此，摆出的图形中不能存在相邻正方形。一旦找到解决方案，你就会发现这个题目与挑战1中的题目之间存在关联，此时问题迎刃而解。

每当从定性思考转变为定量思考时，你实际上为拨开迷雾、得窥真知打开了思路，并带来了一线新机。现在请专注于下一道题目，扫除探索之路上的迷雾。

缓慢燃烧

你是否能通过燃烧细线精确测算出 30 分钟的时长？从两个极端状况研究问题，能够为我们提供全新的视角和领悟。

一旦有新的顿悟，你可以考虑借他山之石以攻玉，即思索如何再次运用顿悟实现更大的成就。不仅仅是如何让细线燃烧 45 分钟，而是如何激发你的智慧，不断发现新思路。

前十名名单

这些句子的其中两句会是真的吗？得到这一相对简单的问题的答案之后，再从不同的视角审视相关语句，则答案不言自明。

在你眼中，杯子是半空还是半满？以不分高低但却截然相反的视角看待同一杯水是有其价值所在的。如此一来，你不仅能解开该谜题，还能更透彻地认识周围的世界。

5个人，4顶帽子

　　足足一分钟的时间内，无人说话。当然，我们不能指望艾丽西娅或布莱斯说什么，因为他们没看到帽子。另一方面，达文看到的帽子数最多。卡罗尔对这些情况一清二楚，但他只看到布莱斯戴了一顶金色帽子。然后，卡罗尔猜想达文从他的位置会看到什么，并推演了一切可能的情况，其中有些情况会让达文快速判断出他自己的帽子的颜色。但是他什么也没说。

　　从另一个视角得到的看法以及手头的（或脑海中的）事实充分说明了为何会有片刻沉默。现在，请戴上有效思维的帽子，让时间启发你的思维。

室友握手次数

　　这道关于握手的难题最令人意外之处在于，它竟然有答案。它的第二个令人意外之处在于，只要深入分析简单的情形，则答案自现。而本题的难点在于，有太多人握手。这道题目，最简单的情况是他们没有邀请室友。这样的话，就只有拉夫尔和里奇，而且根据题目规则，里奇将不会跟任何人握手。另一种最简单的情况是，如果他们邀请了另一对室友，假设是亚当和比尔，那么当拉夫尔询问另外三个人他们每个人的握手次数时，他听到的答案将是三个不同的数字，这三个数字必然是 0、1 和 2。

　　该题仍然具有挑战性，所以换个新的问题对解题也许会有帮助：假设在最简单的情况下，我们是否能判断亚当和比尔分别与多少人握手？请注意，这个新的问题会让我们自动算出里奇的握手次数，但却是以一种不同的方式引导我们找到答案。这一特殊情形下的握手次数很少，你足以将一切可能性考虑在内：如果亚当没有握手，而比尔握手一次；如果亚当没有握手，而比尔握手两次；如果亚当握手一次，而比尔握手两次……随着聚会中成对室友人数的增加，得出的不同答案不仅能为我们带来新的顿悟，而且能帮助我们找出计算握手次数的模式，从而帮我们牢牢掌握回答最初那道难题的窍门。

更深刻的理解源于在看似简单的事物中发现的规律。

狂风骤雨

如果需要再次灵光乍现，你可能会觉得将 72 小时转化成天数非常有用。

即使是一个傻气十足的题目，也能让你在处理日常生活中更严峻的问题时思路大开。

用12根火柴，摆出一个面积为4的多边形

由直角组成的面积为4的最简单的多边形是一个 1×4 的矩形。

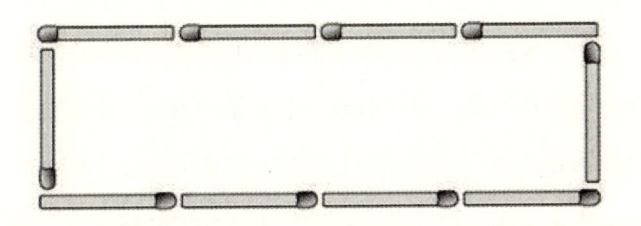

该矩形由 10 根火柴摆成，因此问题在于如何改动该图形，用上剩余的 2 根火柴。

或者，将该思路暂且放在一旁，你可以考虑用 12 根火柴摆出一个面积最小的多边形。如果你考虑四角铰接形成一个 3×3 的正方形，你会发现，通过向右滑动水平方向上的上边缘，同时保持下边缘固定不动，可以形成一个"斜正方形"，也称"菱形"（如下图所示）。

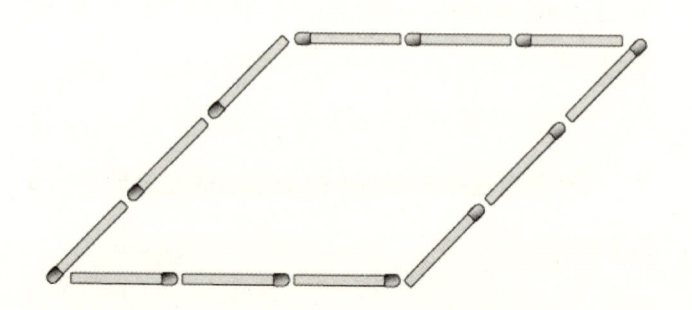

如果将该菱形的上边缘挤压至下边缘，两排火柴会互相堆叠在一起，最终形成一个退化多边形。该退化多边形面积为0，已经称不上是多边形了。然而，如果将其上边缘稍微上提，就能构成一小块钻石状的区域。我们最初构想的正方形面积为9（3×3），斜正方形的面积可以尽可能小。现在，对于最初的那道难题，你有什么样的结论？

我们也可以通过1×4的矩形，在首次尝试中采用铰接的想法：将两根火柴摆成"V"字形，对换两端，然后采用跟之前相同的推理来证明可以用12根火柴摆出一个面积为4的多边形。

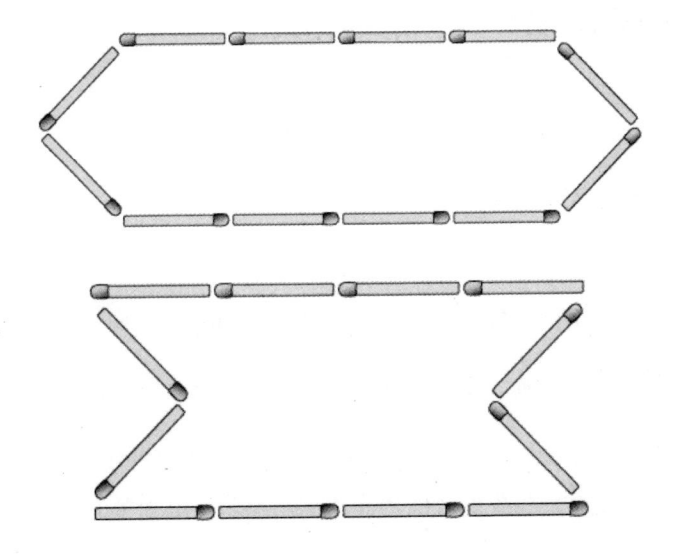

一旦打破局限，摆脱刻板僵化的思维方式，大胆假设，并考虑到更多的可能性，你就能够发现很多种不同的解决方案。灵活敏捷的思维能够使我们以全新的视角解决任何问题，然后我们可以运用这种思维模式来解决生活中的其他难题。

折叠地图

对于第一张地图，考虑用各种方法将"7"和"8"这两个正方形拼折在一起。每次折叠时，确认正方形"6"是否与其他正方形拼折，然后从那里入手。对于第二张地图，最终需要采用一种特殊的折叠方案。根据将软管内外翻转过来这一做法的启发，创造一种折叠方案。

现在，将你的注意力集中到与手工折纸无关的挑战上，将本题中采用的有效思维方式作为"智能GPS"进行运用，以助你找到新颖的解决方案。

找出错误陈述

本题中的每个数字都至关重要。
关注细节能为有效思维打开思路。

两秤称九石

我的学生最初尝试用 4 颗石头对另外 4 颗石头进行称重，但他们很快发现，这么做不能保证用秤只称两次就测出石头的重量。这种称重尝试就像寻找海盗收藏的战利品，虽然失败了，但从失败中获得的领悟能够让他们最终发现宝藏。

如果采用类似的思维模式去权衡其他问题，就能像聪明的海盗那样发现新的财富。

新星诞生

也许我们不应只考虑尽可能多地创建三角形，而是应该问自己另一个问题：如何在星形上放置两条线，使它们尽可能多地穿过该星形？也就是说，不是使三角形数量最大化，而是尽可能增加交叉线的数量。

另一个有趣的点是，我以这种方式命名该题目的原因在于我认为这样做题目会比较有趣。美国西南大学几个聪明的学生认为该题目暗藏玄机，顺着这条隐藏的线索，他们找到了解题之道。他们在解题过程中发现了一个新的较小的星形图案……所以这个答案中诞生了一个"新星"，真是太棒了！

换一个不同的问题来思考，就可以碰触到原本遥不可及的星星。

真伪难辨的政客

"这些政客中至少有一名表里如一"，意味着有一名或多名政客是诚实的。"任意两名政客中"，意味着你可以考虑选择这群政客中的任意两名，这包括了一种可能性，即你可以选择一名政客，然后将他/她与剩余的政客配对，每次一对。

添加形容词可以在任何情况下为你带来真正的全新领悟。

解放 10 美分硬币

尽管滑动火柴的确算是一种"移动"方式,但人们在考虑"移动火柴"时往往不会考虑去滑动火柴。

有意识地留心简单的可能性,能够让你获得意想不到的机遇,远远超出破解难题后的收获。在面对下一个"硬币正面朝上"的挑战时,不妨尝试一下这个方法。

蒙眼翻硬币

你现有的唯一信息就是正面朝上的硬币数量。该数字应该或多或少能帮助你决定如何将这些硬币分成两堆。你也许会考虑其中的变数——就本题而言,可能存在另一种情况,然后将一堆硬币中正面朝上的硬币数量与另一堆硬币中正面朝下的硬币数量进行比较。

只要有机会,应确认自己能运用多少个有效思维的要素来发现题目中隐藏的细微差别,尝试运用五种要素，以求豁然开悟，并灵活地找到解决方案。

宠物难题

如果一开始就错误地假设 10 只宠物全部都是猫，至少思考本题时会让我们将狗看作多得了一块饼干的猫。这一基本但却重要的认知不仅能让你以全新的视角审视原题，而且能迅速地找到答案。

花点儿时间去领会你的思维转变方式：与最初读题时的表现不同，现在你能够以不同的视角看待该题。由于这种理解上的变化，你现在能迅速厘清该题的普遍规律或者差异。例如，如果你有 20 只宠物和 111 块饼干，答案会是什么？

恭喜你！运用五维思考法发生的改变为你的发展进步带来了令人振奋的希望。无论你是爱猫之人还是爱狗之人，你完全可以先考虑极端情况，从而以新视角看待宠物问题。

农夫过河

通过把之前运过河的部分货物再运回来,弗朗西斯可以将兔子、狐狸和胡萝卜全部安全运到河对岸。

将所有与直觉相悖的情形(即一切可能性)纳入考虑范围,能够让你发现之前可能被忽略的信息。

分配弹珠,使获胜率超过 50%

我们需要计算出从每个碗中选择一颗黑色弹珠的概率的平均值。因此,假设一个碗里有两颗金色弹珠,另一个碗里有两颗黑色弹珠,如果你从第一个碗中选择一颗弹珠,那么获胜率为 0;如果你从第二个碗中选择一颗弹珠,那么获胜率为 100%。取这两种可能性的平均值,则获胜率为 50%。现在,将四颗弹珠都放在两个碗中,获胜率会大于 50% 吗?该如何将这种思路扩展应用于解决最初 100 个弹珠的难题呢?

当你在脑海中合理分配弹珠时，应为接下来拓展思路做好准备。

亏数

不断重复一个数字（例如，2、22、222 或 7、77、777）会得到不同的数字，但有一种情况除外。根据这一结论，应该会生成不完整的数字。对于剩余的九个数字，在从 1 到 999 之间的数字中，它们出现的频率全部相同。但是如果将数字 1 000 也算在内，会多出一个数字 1。如果在最初解题时考虑到从 1 到 10 的数字，你也许早就发现这一现象了。

对基本问题发问，发现那些最初看上去过于简单的细微差别，你将更深入地理解复杂问题。

白费力气

该题目给我们的启示是，如果你希望让比较平均数和统计数字有意义，那么了解分组人数的相对规模大小至关重要。在这种情况下，我们假设新的毕业班由 100 名平均绩点为 3.1 的无车学生和 900 名平均绩点为 2.1 的有车学生组成。

在这种情况下，考虑某个特定情况可以让你更深入地处理信息，让信息和数据变得真正有意义。

用三根火柴将正方形均分为二

将三根火柴首尾相连，使其相交成直角，可以得出两种这样的构形。考虑其中一种构形应该能帮助我们解开这道谜题。要解决这个附加题，就假设这些直角上安有铰链，这样就可以将之前的构形轻轻拉直。

只要有可能，在面对未来的诸多难题、可能出现的情况和挑战时,可循环利用有效思维的想法、领悟、方式以及各个要素。

疯狂、可恶的首席执行官

如果你排在队伍的后面,就只能做出两种回应中的一种。看一下站在你前面的所有同事的帽子颜色,如何从两个词中选一个来形容你所看到的?我猜你很可能会说出出现频率最高的帽子颜色。

这种做法存在问题,例如,当出现红色帽子与绿色帽子的数量相同这种情况。失败的尝试会间接地为我们带来启示,你会发现自己必须想得更具体一点儿。回到这个题目,再往深处想一想,看一下站在你前面的所有同事的帽子颜色,你将如何形容你所看到的?

在试图获得更深刻的理解时,往往应添加形容词。

致谢

我的同事兼好友迈克尔·斯塔伯德（Michael Starbird）坚持不懈地给予我重要帮助，如果没有他的协助，这本书将无法完成。迈克尔在我的专业道路、学术工作和思想发展上发挥着积极作用。他的智慧、创造力、乐学态度和对生活的热爱一直激励着我，我非常感激他的慷慨无私。

我以往和现在的很多学生及同事在我完成这本书的过程中都发挥了积极的作用，我在此感谢所有人。我尤其感谢在美国西南大学参加过"逻辑题中的高效思考"这门课程的所有学生，他们的反馈帮助我完善了该课程和本书。我要特别感谢特里斯坦·埃文斯、布里尼·麦克劳克林、艾登·斯坦勒和贾斯珀·斯通，他们不仅提供了宝贵的建议，还在我的办公室担任过校长室实习生。此外，我还要感谢凯尔·布朗、艾略特·福尔曼、坦迈·科拉帕拉和基尔亨·斯坦因，他们对本书进行了深刻点评并提出了深刻的见解。

很多同事和朋友都曾细心阅读本书的早期手稿且提供了重要反馈并鼓励我。我要特别感谢迈克尔·布鲁尔、弗洛伦斯·伯格、约翰·钱德勒、诺玛·盖恩斯、本杰明·霍洛威、威廉·鲍尔斯、保罗·西科德和费伊·文森特。同时，我非常感谢参加"关于生活、学习和领导的校长思考研讨会"的课堂演讲嘉宾。他们不仅为我的学生提供了关于有效思维的有意义的演讲，而且在这门课程的各个方面都发挥了启迪作用。这些演讲嘉宾包括：小赫伯特·艾伦、维克托·巴约莫、本·巴恩斯、卡莉·克里斯托弗、克莱顿·克里斯托弗、小特拉梅尔·克劳、佩吉·杜金斯、迈克尔·格辛斯基、威尼尔·赫伦、菲利普·霍普金斯、韦斯顿·赫特、弗兰克·克拉索维克、雷德·麦库姆斯、杰西卡·沃尔德罗普·麦科伊、林恩·帕尔·莫克、普雷斯利·莫克、约翰·奥登、瑞奇·雷文、瓦莱丽·雷妮格、肯德尔·理查兹、小卡宾·罗伯逊、道格·罗杰斯、苏珊·斯莱格尔·罗杰斯、迪比卡·西希、肯·史诺德格拉斯和蒂维·惠特洛克。

同时，我还要感谢我的院长艾莉莎·古德尔，在我写这本书时她给予我鼓励、支持和友爱；感谢林恩·帕尔·莫克，在我于达拉斯为期一周的写作集训中，她给我带来很多欢乐和鼓励；感谢西莫和他的父母，让我有机会分享一个我最喜爱的关于有效思维的力量的故事。

最后，真挚感谢普林斯顿大学出版社团队，他们是极具天赋和创造力的专业人士，总是能提出新颖、创造性的想法。能和这些优秀的人合作并向他们学习，我感到非常愉快。责任编辑维琪·克恩在项目一开始就以好友身份热情支持我——从第七章开始到其后所有章节。

出版社主任克里斯蒂·亨利极大地鼓舞了我,他与本书所表达的愿景密切相关并始终践行这一愿景。对于出版社的其他各个部门,我想要对以下人士表达我最诚挚的谢意:鲍勃·贝顿多夫、劳伦·布卡、卡伦·卡特、罗琳·唐克、萨拉·亨宁斯托特、迪米特里·卡雷尼科夫、黛博拉·利泽、斯蒂芬妮·罗哈斯、苏珊娜·休梅克、凯瑟琳·史蒂文斯、埃林·苏达姆和金伯利·威廉姆斯。同时,我还要感谢卡尔·斯佩泽姆,他为此书设计了精美的封面;感谢特蕾莎·卡纳克专业地审读了此书原稿;感谢美国西南大学1997届优秀毕业生泰勒·琼斯,她巧妙地编辑了我们两位作者的照片。